思考力算数練習帳シリーズ
シリーズ10
倍から割合へ（小数範囲・売買

本書の目的…「公式にあてはめて計算する」方法ではなく「倍の意味」から「割合」を解くことができる様にする。

　割合は小学校で習う単元のなかでも特に難しいところです。特にこのテキストでは倍の考え方と割合の表しかたを比べながら割合の考え方を説明することによって、子供たちがより深く理解できるように工夫しました。

本書の特徴
1、「10円の2倍は20円」という倍の基本的な意味と比べながら、割合の意味や計算方法が理解できるように工夫されています。
2、すべて小数範囲で解ける問題にしてありますので、分数計算にまだ慣れていないお子さんにも理解しやすくなっています。
3、割合を初めて学習する場合にも、また理解不足で復習する場合にも利用することができます。
4、最後まで進むと中学入試のある程度のレベルまで解けるようになります。
5、自分ひとりで考えて解けるように工夫して作成されています。他の思考力練習帳と同様に、なるべく教え込まなくても学習できるように構成されています。

算数思考力練習帳シリーズについて
　ある一つの問題について、同じ種類・同じレベルの問題をくりかえし練習することによって確かな定着が得られます。
　そこで、中学入試につながる文章題について、同種類・同レベルの問題をくりかえし練習することができる教材を作成しました。

指導上の注意
① 解けない問題・本人が悩んでいる問題については、お母さん（お父さん）が説明してあげてください。その時に、できるだけ具体的な物に例えて説明してあげると良く分かります。（例えば、実際に目の前に鉛筆を並べて数えさせるなど。）

② お母さん（お父さん）はあくまでも補助で、問題を解くのはお子さん本人

です。お子さんの**達成感**を満たすためには、「解き方」から「答え」までのすべてを教えてしまわないで下さい。教えるのは**ヒント**を与える程度にしておき、本人が**自力**で答えを出すのを待ってあげて下さい。

③　子供のやる気が低くなってきていると感じたら、**無理にさせないで下さ**い。お子さんが興味を示す別の問題をさせるのも良いでしょう。

④　丸つけは、その場でしてあげてください。**フィードバック**（自分のやった行為が正しかったかどうか評価を受けること）は早ければ早いほど本人の学習意欲と定着につながります。

目　　次	頁
第1章、　　倍の三用法	3
第2章、　　倍と割合の関係	5
第3章、　　割合の三用法	16
第4章、　　歩合と百分率と倍の関係	19
第5章、　　売買の仕組みと用語	22
第6章、　　倍や割合の合成	28
第7章、　　割増しと割引き（わりましとわりびき）	34
第8章、　　売買算と相当算	39
第9章、　　2量以上の関係を割合で表して解く問題	46
第10章、　　食塩水の濃さ	52
第11章、　　中学入試問題	57

第1章、倍の三用法

例題1、りんごは100円、みかんは50円です。次の問いに答えなさい。

(1)、りんごの値段はみかんの値段の何倍ですか。

（式・図・考え方）「りんごの値段はみかんの値段の何倍」を式に表すと「りんご÷みかん=□倍」となります。りんごは100円、みかんは50円をあてはめると　100÷50=2倍　となります。

答（　2倍　）

(2)、みかんの値段はりんごの値段の何倍ですか。

（式・図・考え方）「りんごの値段の何倍」と聞いているのでりんごの値段で割ります。50÷100=0.5倍

答（　0.5倍　）

類題1-1、ノートは200円、えんぴつは50円です。次の問いに答えなさい。

(1)、ノートの値段はえんぴつの値段の何倍ですか。

（式・図・考え方）

答（　　　　　）

(2)、えんぴつの値段はノートの値段の何倍ですか。

（式・図・考え方）

答（　　　　　）

例題2、りんごはみかんの1.5倍の値段です。みかんが40円です。りんごはいくらですか。

（式・図・考え方）「りんごはみかんの1.5倍」を式に表すと「りんご=みかん×1.5」となります。みかんのところを40円に代えると、「りんご=40円×1.5」となります。ですから、

$$40 \times 1.5 = 60 \text{（円）}$$

答（　60円　）

類題2-1、りんごはみかんの1.6倍の値段です。みかんが20円です。りんごはいくらですか。

（式・図・考え方）

答（　　　　　）

例題3、ノートはえんぴつの2.5倍の値段です。ノートは200円です。えんぴつはいくらですか。

(式・図・考え方)「ノートはえんぴつの2.5倍」を式に表すと「ノート=えんぴつ×2.5」となります。ノートのところを200円に代えると、「200円=えんぴつ×2.5」となります。ですから、

　　えんぴつ×2.5=200、これを逆算して、えんぴつ=200÷2.5=80（円）

答（　80円　）

類題3-1、りんごはみかんの1.8倍の値段です。りんごが270円です。みかんはいくらですか。

（式・図・考え方）

答（　　　　　）

＃＃＃＃＃＃＃＃＃＃＃＃＃＃＃＃＃＃＃＃＃＃＃＃＃＃＃＃＃＃

練習1、ノートはえんぴつの1.7倍の値段です。ノートが85円です。えんぴつはいくらですか。

（式・図・考え方）

答（　　　　　）

練習2、ノートは250円、えんぴつは50円です。えんぴつの値段はノートの値段の何倍ですか。

（式・図・考え方）

答（　　　　　）

練習3、ノートはえんぴつの1.2倍の値段です。えんぴつが60円です。ノートはいくらですか。

（式・図・考え方）

答（　　　　　）

練習4、2つの数、AとBがあります。Aは36、Bは9です。BはAの何倍ですか。

（式・図・考え方）

答（　　　　　）

第2章、倍と割合（わりあい）の関係

説明１：「割合が2」と「2倍」とは同じことを表しています。「100円をくらべられる量とし、50円をもとにする量としたとき割合は2」と「100円が50円の2倍」と同じことになります。
　割合とは「くらべられる量」が「もとにする量」の何倍ですかと聞いているのと同じなのです。このことに注意して①～③が同じ意味になることを確認しましょう。

　　　①、「Aはくらべられる量でBはもとにする量とすると割合は2」
　　　②、「AはBの2倍」
　　　③、「A÷B＝2」

例題1、200円はくらべられる量、50円はもとにする量。割合はいくらですか。
（式・図・考え方）割合とはくらべられる量がもとにする量の何倍かという意味です。ですから、くらべられる量÷もとにする量＝200円÷50円＝4（倍）となります。割合では4倍とは答えず、4という数だけで答えます。

答（　4　）

類題1-1、180円はくらべられる量、60円はもとにする量。割合はいくらですか。
（式・図・考え方）

答（　　　　　）

類題1-2、50円はくらべられる量、100円はもとにする量。割合はいくらですか。
（式・図・考え方）

答（　　　　　）

類題1-3、80円はもとにする量、120円はくらべられる量。割合はいくらですか。
（式・図・考え方）

答（　　　　　）

説明２：「Aの2倍はB」と「Aをもとにする量とするとBの割合が2」とは同じ意味です。「50円がもとにする量で割合が2のときくらべられる量は何円ですか」と「50円の2倍は何円ですか」と同じ意味になります。
もとにする量と割合が□と分かっているとき、くらべられる量はもとにする量の□倍になります。このことに注意して①～③が同じ意味になることを確認し

ましょう。
　　①、「Aはもとにする量、割合は2、Bはくらべられる量」
　　②、「Aの2倍がB」
　　③、「A×2＝B」

例題2、60円がもとにする量で割合が1.5のとき、くらべられる量はいくらですか。

（式・図・考え方）「もとにする量の1.5倍がくらべられる量」です。これを式にすると、「もとにする量×1.5＝くらべられる量」になる。この式に60円を当てはめると、60円×1.5=くらべられる量になる。ですから、求めるくらべられる量は

$$60×1.5=90（円）$$

答（　90円　）

類題2-1、200円がもとにする量で割合が2.5のとき、くらべられる量はいくらですか。

（式・図・考え方）

答（　　　　　　）

類題2-2、150円がもとにする量で割合が0.8のとき、くらべられる量はいくらですか。

（式・図・考え方）

答（　　　　　　）

類題2-3、割合が1.2で600円がもとにする量でのとき、くらべられる量はいくらですか。

（式・図・考え方）

答（　　　　　　）

説明3：「□をもとにする量とすると180円の割合が2」と「□の2倍は180円」とは同じ意味です。これを式に表すと「□×2=180円」となります。もとにする量である□を求めるには、逆算をして180÷2=90円とします。
　このように、くらべられる量と割合が分かっているとき、もとにする量は「もとにする量×割合=くらべられる量」の式を逆算して「もとにする量＝くらべられる量÷割合」として求められます。このことに注意して①～③が同じ意味になることを確認しましょう。
　　①、「Aがくらべられる量で割合は2のとき、もとにする量を求めなさい」
　　②、「Aが□の2倍のとき、□を求めなさい」
　　③、「□×2＝Aのとき、□を求めなさい」

例題3、60円がくらべられる量で割合は0.5のとき、もとにする量を求めなさい。

（式・図・考え方）「くらべられる量の60円がもとにする量の0.5倍」です。これを式にすると、「もとにする量×0.5＝くらべられる量」になる。この式に60円を当てはめると、「もとにする量×0.5=60円」になる。つぎに、もとにする量を□にして式を作ると「□×0.5=60」となる。この式を逆算して「□=60÷0.5=120」としてもとにする量を求めます。

式：もとにする量を□として式を作ると、□×0.5=60。逆算をして 60÷0.5=120 （円）

答（ 120円 ）

類題3-1、150円がくらべられる量で割合は0.3のとき、もとにする量を求めなさい。

（式・図・考え方）

答（　　　　　　）

類題3-2、割合は1.8でくらべられる量は360円のとき、もとにする量はいくらですか。

（式・図・考え方）

答（　　　　　　）

類題3-3、くらべられる量は42個で割合は0.6です。もとにする量は何個ですか。

（式・図・考え方）

答（　　　　　　）

＃＃＃＃＃＃＃＃＃＃＃＃＃＃＃＃＃＃＃＃＃＃＃＃＃＃＃＃＃＃＃

練習1、120円がもとにする量で割合が0.4のとき、くらべられる量はいくらですか。

（式・図・考え方）

答（　　　　　　）

練習2、60円はもとにする量、42円はくらべられる量。割合はいくらですか。

（式・図・考え方）

答（　　　　　　）

練習3、割合は3.5でくらべられる量は700円のとき、もとにする量はいくらですか。

（式・図・考え方）

答（　　　　　　）

練習4、割合が0.2で500円がもとにする量のとき、くらべられる量はいくらですか。

（式・図・考え方）

答（　　　　　　）

練習5、くらべられる量は75個で割合は0.3です。もとにする量は何個ですか。
（式・図・考え方）

答（　　　　　　）

練習6、240円はくらべられる量、80円はもとにする量。割合はいくらですか。
（式・図・考え方）

答（　　　　　　）

説明4：「Aに対するBの割合はいくら」と「BはAの何倍」とは同じことを表しています。「～に対する」という言葉には「～の何倍」という意味がふくまれています。
このことに注意して①～③が同じ意味になることを確認しましょう。
　　①、「Aに対するBの割合は2」
　　②、「BはAの2倍」
　　③、「B÷A＝2」

例題4、180人に対する90人の割合はいくらですか。
（式・図・考え方）「180人に対する」を「180人の何倍」と言いかえてみましょう。すると、90円を180円で割るという意味なのだと分かります。説明4の通りに言いかえをします。
　　①、「180人に対する90人の割合はいくら」
　　②、「90人は180人の何倍」
　　③、「90人÷180人」
　　式：90÷180＝0.5

答（　0.5　）

類題4-1、40円に対する60円の割合はいくらですか。
（式・図・考え方）

答（　　　　　　）

類題4-2、120人の400人に対する割合はいくらですか。
（式・図・考え方）

答（　　　　　　）

類題4-3、80円の32円に対する割合はいくらですか。
（式・図・考え方）

答（　　　　　　）

説明5：「50円に対するAの割合は2」と「50円の2倍はA」とは同じことを表しています。「50円に対するAの割合は2」という言葉を式に表すと、「50円×2=A」になります。
このことに注意して①～③が同じ意味になることを確認しましょう。
　　①、「Aに対するBの割合は2」
　　②、「Aの2倍はB」
　　③、「A×2＝B」

例題5、□円の60円に対する割合は3です。□はいくらですか。
（式・図・考え方）「60円に対する割合は3」を「60円の3倍」と言いかえてみましょう。すると、60円を3倍すると□円になることが分かります。
式：60×3=180（円）

答（　180　）

類題5-1、40円に対して割合が0.2になるのは何円ですか。
（式・図・考え方）

答（　　　　）

類題5-2、160人に対して□人の割合が0.8です。□はいくらですか。
（式・図・考え方）

答（　　　　）

類題5-3、□個の90個に対する割合が0.3のとき、□個は何個ですか。
（式・図・考え方）

答（　　　　）

説明6：「Aに対する80円の割合は2」と「Aの2倍は80円」とは、同じことを表しています。「Aに対する80円の割合は2」という言葉を式に表すと、「A×2=80円」になります。Aを求めるには逆算をして、80円÷2=40円とします。

例題6、□円に対する120円の割合は3です。□はいくらですか。
（式・図・考え方）「□円に対する120円の割合は3」を「□円の3倍は120円」と言いかえてみましょう。これを式にすると、□×3=120円です。
式：□×3=120（円）逆算をして　120÷3=40（円）

答（　40　）

類題6-1、□人に対する50人の割合は0.2です。□はいくらですか。
（式・図・考え方）

答（　　　　）

類題6-2、140円の□円に対する割合は0.7です。□はいくらですか。
（式・図・考え方）

答（　　　　）

類題6-3、Aに対する12の割合は0.4です。Aはいくらですか。
（式・図・考え方）
答（　　　　　　）
＃＃＃＃＃＃＃＃＃＃＃＃＃＃＃＃＃＃＃＃＃＃＃＃＃＃＃＃＃
練習7、400円の500円に対する割合はいくらですか。
（式・図・考え方）
答（　　　　　　）
練習8、540円の□円に対する割合は1.8です。□はいくらですか。
（式・図・考え方）
答（　　　　　　）
練習9、□個の450個に対する割合が0.9のとき、□個は何個ですか。
（式・図・考え方）
答（　　　　　　）

練習10、80人の50人に対する割合はいくらですか。
（式・図・考え方）
答（　　　　　　）

練習11、40円に対して割合が0.8になるのは何円ですか。
（式・図・考え方）
答（　　　　　　）

練習12、A円に対する360円の割合は2.4です。A円は何円ですか。
（式・図・考え方）
答（　　　　　　）
＃＃＃＃＃＃＃＃＃＃＃＃＃＃＃＃＃＃＃＃＃＃＃＃＃＃＃＃＃

説明7、「Aを1とするとBは2」は「Aの2倍がB」と同じ意味です。これを式に表すと「A×2=B」となります。

例題7、30円を1とするとA円は2.5です。Aはいくらですか。
（式・図・考え方）「30円を1とするとA円は2.5」を式に表すと、「30円×2.5=A円」となります。ですから、30×2.5=75（円）
答（　75　）
類題7-1、70円を1とするとA円は1.4です。Aはいくらですか。

M.access　　10　　倍から割合へ

（式・図・考え方）

答（　　　　　）

類題7-2、80円を1とすると何円が0.6になりますか。
（式・図・考え方）

答（　　　　　）

類題7-3、60人を1とすると0.3にあたるのは何人ですか。
（式・図・考え方）

答（　　　　　）

説明8、「20円を1とすると10円はいくらにあたりますか」は「10円は20円の何倍ですか」と同じ意味です。「〜を1とする」は「〜」の何倍かを考えていることに注意しましょう。

例題8、60円を1とすると240円はいくらにあたりますか。
（式・図・考え方）60円の何倍かを考えます。240÷60=4（倍）これが答えになります。

答（　4　）

類題8-1、160円を1とすると40円はいくらにあたりますか。
（式・図・考え方）

答（　　　　　）

類題8-2、100人を1とすると40人はいくらになりますか。
（式・図・考え方）

答（　　　　　）

類題8-3、Aを1とするとBはいくらにあたりますか。ただし、Aは50gでBは90gです。
（式・図・考え方）

答（　　　　　）

例題9、A円を1とすると104円は0.8です。Aはいくらですか。
（式・図・考え方）「A円を1とすると104円は0.8」を式に表すと、「A円×0.8=104円」となります。ですから、逆算をして104÷0.8=130（円）

答（　130　）

類題9-1、A円を1とすると240円は4です。Aはいくらですか。
（式・図・考え方）

答（　　　　　）

類題9-2、□を1とすると240円は0.6です。□はいくらですか。

（式・図・考え方）

答（　　　　　　）

類題9-3、A人を1とすると240人は0.8です。Aはいくらですか。
（式・図・考え方）

答（　　　　　　）

＃＃＃＃＃＃＃＃＃＃＃＃＃＃＃＃＃＃＃＃＃＃＃＃＃＃＃＃＃＃

練習13、200人を1とすると40人はいくらになりますか。
（式・図・考え方）

答（　　　　　　）

練習14、400円を1とすると何円が0.2になりますか。
（式・図・考え方）

答（　　　　　　）

練習15、□を1とすると300円は0.15です。□はいくらですか。
（式・図・考え方）

答（　　　　　　）

練習16、80円を1とすると120円はいくらにあたりますか。
（式・図・考え方）

答（　　　　　　）

練習17、A人を1とすると420人は3.5です。Aはいくらですか。
（式・図・考え方）

答（　　　　　　）

練習18、Aを1とするとBはいくらにあたりますか。ただし、Aは34万円でBは51万円です。
（式・図・考え方）

答（　　　　　　）

＃＃＃＃＃＃＃＃＃＃＃＃＃＃＃＃＃＃＃＃＃＃＃＃＃＃＃＃＃＃

説明10、「倍」と「割合」は言葉が違うだけで、意味は同じなのだということが分かりましたか。ここで、倍と割合の言葉をまとめてみましょう。

　　　　Aをもとにする量とすると　　　　Aの何倍
　　　　Aをもとにすると　　　　　　　　Aの何倍
　　　　Aに対する　　　　　　　　　　　Aの何倍
　　　　Aを1とすると　　　　　　　　　Aの何倍

以上のように、「～をもとにする量とすると」「～をもとにすると」「～に対する」「～を1とすると」などの言葉がすべて「～の何倍」の意味なのです。

次にこのことを式に表すとどうなるかをまとめてみましょう。
「Aをもとにする量とするとBの割合はC」
　　　　　　→「AのC倍はB」→「A×C＝B」または「B÷A＝C」
「AをもとにするとBの割合はC」
　　　　　　→「AのC倍はB」→「A×C＝B」または「B÷A＝C」
「Aに対するBの割合はC」
　　　　　　→「AのC倍はB」→「A×C＝B」または「B÷A＝C」
「Aを1とするとBはC」
　　　　　　→「AのC倍はB」→「A×C＝B」または「B÷A＝C」

例題10、みかんが20円、バナナが50円、りんごが80円です。つぎの問に答えなさい。

(1)、バナナの値段はみかんの値段の何倍ですか。
　（式・図・考え方）50÷20=2.5（倍）
　　　　　　　　　　　　　　　　　　　　　　　答（　2.5倍　）

(2)、みかんの値段はバナナの値段の何倍ですか。
　（式・図・考え方）20÷50=0.4（倍）
　　　　　　　　　　　　　　　　　　　　　　　答（　0.4倍　）

(3)、みかんの値段を1とするとりんごの値段はいくらですか。
　（式・図・考え方）1とする量の何倍かを答えます。りんごの値段がみかんの値段の何倍かを答えればよいことになります。
80÷20=4（倍）
　　　　　　　　　　　　　　　　　　　　　　　答（　4　）

(4)、りんごの値段に対するみかんの値段の割合はいくらですか。
　（式・図・考え方）みかんの値段がりんごの値段の何倍かというのと同じなので、20÷80=0.25
　　　　　　　　　　　　　　　　　　　　　　　答（　0.25　）

(5)、バナナの値段をもとにする量とすると、みかんとりんごの合計の値段の割合はいくらですか。
　（式・図・考え方）みかんとりんごの合計の値段は20+80=100円。100円が50円の何倍かを求めます。100÷50=2（倍）
　　　　　　　　　　　　　　　　　　　　　　　答（　2　）

類題10-1、消しゴムが40円、えんぴつが80円、ノートが160円です。つぎの問に答えなさい。
(1)、えんぴつの値段は消しゴムの値段の何倍ですか。
　（式・図・考え方）

(2)、消しゴムの値段はノートの値段の何倍ですか。
　（式・図・考え方）

答（　　　　　）

(3)、消しゴムの値段を1とするとノートの値段はいくらですか。
　（式・図・考え方）

答（　　　　　）

(4)、えんぴつの値段をもとにする量とすると、ノートの値段の割合はいくらですか。
　（式・図・考え方）

答（　　　　　）

(5)、えんぴつの値段の、消しゴムとノートの合計の値段に対する割合を求めなさい。
　（式・図・考え方）

答（　　　　　）

##################################

練習19、AはBの0.6倍のとき、次の[　　]にあてはまるAまたはBを書き入れなさい。

(1)、[　　]の[　　]に対する割合は0.6です。

(2)、[　　]を1とすると[　　]は0.6です。

(3)、[　　]をもとにする量とすると[　　]はくらべられる量で割合は0.6です。

(4)、[　　]の0.6倍が[　　]です。

(5)、[　　]×0.6=[　　]

練習20、1年生が200人、2年生が160人、3年生が250人です。つぎの問に答えなさい。

(1)、3年生の人数は1年生の人数の何倍ですか。
　（式・図・考え方）

答（　　　　　）

⑵、1年生の人数は2年生の人数の何倍ですか。
（式・図・考え方）

答（　　　　　）

⑶、1年生の人数を1とすると2年生の人数はいくらですか。
（式・図・考え方）

答（　　　　　）

⑷、3年生の人数をもとにする量とすると、2年生の人数の割合はいくらですか。
（式・図・考え方）

答（　　　　　）

⑸、1・2・3年生合計の人数の1年生の人数に対する割合を求めなさい。
（式・図・考え方）

答（　　　　　）

練習21、「　」の中の文を式に表します。例のように、適当なＡ・Ｂ・Ｃを[　]に入れなさい。（適当な：てきとうな）
例、「Ａをもとにする量とすると、Ｂの割合はＣです。」これを式に表すと、
　　[　Ａ　]×[　Ｃ　]=[　Ｂ　]または[　Ｂ　]÷[　Ａ　]=[　Ｃ　]
⑴、「ＡのＢ倍はＣです。」これを式に表すと、
　　[　　　]×[　　　]=[　　　]または[　　　]÷[　　　]=[　　　]
⑵、「ＡのＢに対する割合はＣです。」これを式に表すと、
　　[　　　]×[　　　]=[　　　]または[　　　]÷[　　　]=[　　　]
⑶、「Ａをくらべられる量とし、Ｂをもとにする量とすると、割合はＣです。」これを式に表すと、
　　[　　　]×[　　　]=[　　　]または[　　　]÷[　　　]=[　　　]
⑷、「Ａに対するＢの割合はＣです。」これを式に表すと、
　　[　　　]×[　　　]=[　　　]または[　　　]÷[　　　]=[　　　]
⑸、「ＡはＢのＣ倍です。」これを式に表すと、
　　[　　　]×[　　　]=[　　　]または[　　　]÷[　　　]=[　　　]

第3章、割合の三用法

「Aに対するBの割合」＝B÷A
「Aはもとにする量でBがくらべられる量のときの割合」＝B÷A

例題1、りんごの値段をもとにすると、みかんの値段の割合は0.8です。りんごの値段は60円です。みかんの値段はいくらですか。
　（式・図・考え方）りんごの値段×0.8＝みかんの値段です。りんごの値段は60円なので、60×0.8＝48（円）

答（　48円　）

類題1-1、すぐる君の体重は30kgです。こうへい君の体重の割合はすぐる君の体重をもとにすると1.2です。こうへい君の体重は何kgですか。（体重：たいじゅう）
　（式・図・考え方）

答（　　　　）

例題2、りんごの値段をもとにすると、みかんの値段の割合は0.7です。みかんの値段は140円です。りんごの値段はいくらですか。
　（式・図・考え方）りんごの値段×0.7＝みかんの値段です。みかんの値段は140円なので、りんご×0.7＝140（円）。逆算すると、りんご＝140÷0.7＝200（円）

答（　200円　）

類題2-1、A子さんの体重は30kgです。A子さんの体重の割合はB君の体重をもとにすると1.2です。B君の体重は何kgですか。
　（式・図・考え方）

答（　　　　）

例題3、りんごの値段をもとにするとみかんの値段の割合はいくらですか。ただし、みかんの値段は60円で、りんごの値段は120円です。
　（式・図・考え方）みかんの値段がりんごの値段の何倍かを聞いているのと同じです。ですから、60÷120＝0.5倍です。割合で聞かれたときは「〜倍」をつけずに答えます。

答（　0.5　）

類題3-1、男子の人数は40人、女子の人数は50人です。女子の人数の、男子の

人数に対する割合はいくらですか。
（式・図・考え方）

答（　　　　）

＃＃＃＃＃＃＃＃＃＃＃＃＃＃＃＃＃＃＃＃＃＃＃＃＃＃＃＃＃

練習1、りんごの値段をもとにすると、みかんの値段の割合は0.4です。みかんの値段は80円です。りんごの値段はいくらですか。
（式・図・考え方）

答（　　　　）

練習2、りんごの値段をもとにすると、みかんの値段の割合はいくらですか。ただし、みかんの値段は50円で、りんごの値段は80円です。
（式・図・考え方）

答（　　　　）

練習3、りんごの値段をもとにすると、みかんの値段の割合は0.8です。りんごの値段は60円です。みかんの値段はいくらですか。
（式・図・考え方）

答（　　　　）

練習4、太郎の持っているお金をもとにすると、花子の持っているお金の割合はいくらですか。ただし、太郎の持っているお金は40円で、花子の持っているお金は100円です。
（式・図・考え方）

答（　　　　）

練習5、太郎の持っているお金をもとにすると、花子の持っているお金の割合は1.2です。太郎の持っているお金は40円です。花子の持っているお金はいくらですか。
（式・図・考え方）

答（　　　　）

確認テスト（第1章～第3章）　　　月　　日（　　点/100）

時間20分：合格80点

<1> ノートはえんぴつの2.4倍の値段です。ノートは192円です。えんぴつはいくらですか。

（式・図・考え方）

答（　　　　　）（20点）

<2> しょうた君の小学校では、男子が250人、女子が150人います。つぎの問に答えなさい。

(1)、女子の人数は男子の人数の何倍ですか。

（式・図・考え方）

答（　　　　　）（10点）

(2)、小学校全体の人数をもとにする量とすると、男子の人数の割合はいくらですか。

（式・図・考え方）

答（　　　　　）（10点）

<3> ノートをもとにすると、えんぴつの割合はいくらですか。ただし、ノートは200円で、えんぴつは80円です。

（式・図・考え方）

答（　　　　　）（20点）

<4> りんごの値段をもとにすると、みかんの値段の割合は0.8です。りんごの値段は60円です。みかんの値段はいくらですか。

（式・図・考え方）

答（　　　　　）（20点）

<5> ノートの値段をもとにする量として、えんぴつの値段をくらべられる量とします。そのときの割合は0.2です。えんぴつは60円です。ノートはいくらですか。

（式・図・考え方）

答（　　　　　）（20点）

第4章、歩合と百分率と倍の関係

割合の表し方の一つに歩合（ぶあい）があります。倍で0.123倍と表すことを歩合では1割2分3厘（1わり2ぶ3りん）と表します。倍・割合・歩合・百分率の関係を以下の表に示します。

倍	1倍	0.1倍	0.01倍	0.001倍
割合	1	0.1	0.01	0.001
歩合	10割	1割	1分	1厘
百分率	100%	10%	1%	0.1%

例題1、次の表の空欄（くうらん）に適当な数と漢字を入れなさい。

倍	0.2倍				0.407倍	
割合		0.06				0.735
歩合			5厘			
百分率				320%		

答

倍	0.2倍	0.06倍	0.005倍	3.2倍	0.407倍	0.735倍
割合	0.2	0.06	0.005	3.2	0.407	0.735
歩合	2割	6分	5厘	32割	4割7厘	7割3分5厘
百分率	20%	6%	0.5%	320%	40.7%	73.5%

類題1-1、次の表の空欄（くうらん）に適当な数と漢字を入れなさい。

倍	0.7倍			
割合		0.08		
歩合			12割5分	
百分率				6.4%

類題1-2、次の表の空欄（くうらん）に適当な数と漢字を入れなさい。

倍			0.384倍	
割合	0.603			
歩合		3割9厘		
百分率				207％

例題2、200円の2割5分は何円ですか。
　（式・図・考え方）2割5分は0.25倍と同じです。問題文は「200円の0.25倍は何円ですか。」と同じ意味になります。ですから、200×0.25=50（円）

答（　50円　）

類題2-1、400円の1割5厘は何円ですか。
（式・図・考え方）

答（　　　　）

例題3、太郎君は、こづかいの3割で本を買いました。本は360円でした。こづかいは何円でしたか。
　（式・図・考え方）3割は0.3倍と同じです。問題文は「こづかいの0.3倍は360円です。」と同じ意味になります。ですから、こづかいをX円とするとX×0.3=360（円）となり、こづかいはX=360÷0.3=1200（円）です。

答（　1200円　）

類題3-1、のり子さんは、ある本を読んでいます。いま本全体の4割5分を読みました。読んだページ数は36ページでした。本全体は何ページですか。
（式・図・考え方）

答（　　　　）

例題4、M小学校全体の児童（じどう）は300人です。その内女子は120人です。女子の人数の全体の人数に対する割合は何％ですか。
　（式・図・考え方）「全体の人数に対する」なので全体の人数の何倍かを考えます。つまり120人が300人の何倍かを答えます。120÷300=0.4（倍）これを小数点を右に2つ移動すると百分率になります。0.4倍=40％。

答（　40％　）

類題4-1、かな子さんのクラスは40人です。その中で一人っ子の生徒は5人でした。一人っ子の生徒はクラス全体の人数に対して何％ですか。

（式・図・考え方）

答（　　　　　）
################################
練習1、次の表の空欄（くうらん）に適当な数と漢字を入れなさい。

倍	1.6倍			
割合		0.002		
歩合			3割4厘	
百分率				8％

練習2、花子さんは、こづかいの4割でケーキを買いました。ケーキは240円でした。こづかいは何円ですか。
（式・図・考え方）

答（　　　　　）

練習3、塩が全部で800gあります。この塩の3.5％は何gですか。
（式・図・考え方）

答（　　　　　）

練習4、ひろしくんの学校の生徒は全部で240人です。5年生は48人です。5年生の人数の学校全体の人数に対する割合はいくらですか。
（式・図・考え方）

答（　　　　　）

練習5、250円の2割は何円ですか。
（式・図・考え方）

答（　　　　　）

練習6、何円の3割6分が252円ですか。
（式・図・考え方）

答（　　　　　）

第5章、売買の仕組みと用語

　商店などで物を売ったり買ったりすることを「売買（ばいばい）」といい、売買に関する特別の用語があります。物を売ったり買ったりするためには、売買の仕組みやその用語の意味をしっかりと理解する必要があります。売買の用語の説明を参考（さんこう）にしながら、例題と類題を解いてみましょう。

仕入れる（しいれる）--- 商店が商品を問屋さんやメーカーから買い取ること
仕入れ値（しいれね）--- 仕入れるときの値段。
原価　　（げんか）------ 仕入れ値と同じ。
定価　　（ていか）------ 商店が商品を初めに売り出すときの値段。
売値　　（うりね）------ 商店がお客に商品を売ったときの値段。定価で
　　　　　　　　　　　　売れば定価と売値は同じ。値引きしてから売れ
　　　　　　　　　　　　ば、値引したあとの値段が売値。
利益　　（りえき）------ 売値から原価（仕入れ値）をさし引いた金額。
損失　　（そんしつ）----- 売値が原価（仕入れ値）より少ない場合は損をしま
　　　　　　　　　　　　す。損をした金額を損失と言います。
総原価（そうげんか）--- 商品を2個以上買ったときの原価の合計。仕入れ値
　　　　　　　　　　　　の総額。
総売上（そううりあげ）- 商品を2個以上売ったときの売値の合計。売り上げ
　　　　　　　　　　　　の総額。
総利益（そうりえき）--- 総売上から総原価を差し引いた金額。

例題1、くだもの屋さんがりんごを1個あたり100円で仕入れてきて1個あたり150円で売ります。りんご1個を売ると何円の利益がありますか。
　（式・図・考え方）売った値段から仕入れた値段を引いた金額が利益になります。150-100=50（円）

　　　　　　　　　　　　　　　　　　　　　　　　　　　答（　50円　）

類題1-1、1個40円でみかんを仕入れて、それに15円の利益を見込んで定価をつけました。定価はいくらですか。
　（式・図・考え方）

　　　　　　　　　　　　　　　　　　　　　　　　　　　答（　　　　）

例題2、くだもの屋さんがりんごを1個あたり70円で8個仕入れてきて1個あたり130円で全部売りました。このとき次の問いに答えなさい。

⑴、1個あたりの利益はいくらですか。
　（式・図・考え方）売り値から仕入れ値を引いた金額が利益になります。130-70=60（円）

　　　　　　　　　　　　　　　　　　　　　　　　答（　60円　）

⑵、1個あたりの利益をもとにして全部の利益を求めなさい。
　（式・図・考え方）60×8=480（円）

　　　　　　　　　　　　　　　　　　　　　　　　答（　480円　）

⑶、仕入れ値の総額はいくらですか。
　（式・図・考え方）70×8=560（円）

　　　　　　　　　　　　　　　　　　　　　　　　答（　560円　）

⑷、仕入れ値の総額と売り上げ総額をもとに利益の総額を求めなさい。
　（式・図・考え方）売り上げ総額は130×8=1040円
「売り上げ総額」－「仕入れ値の総額」＝「利益の総額」になります。
1040-560=480（円）

　　　　　　　　　　　　　　　　　　　　　　　　答（　480円　）

類題2-1、八百屋さんがだいこんを1本あたり60円で4本仕入れてきて1本あたり90円で全部売りました。このとき次の問いに答えなさい。

⑴、1本あたりの利益はいくらですか。
　（式・図・考え方）

　　　　　　　　　　　　　　　　　　　　　　　　答（　　　　　）

⑵、1本あたりの利益をもとにして全部の利益を求めなさい。
　（式・図・考え方）

　　　　　　　　　　　　　　　　　　　　　　　　答（　　　　　）

⑶、仕入れ値の総額はいくらですか。
　（式・図・考え方）

　　　　　　　　　　　　　　　　　　　　　　　　答（　　　　　）

⑷、仕入れ値の総額と売り上げ総額をもとに利益の総額を求めなさい。
　（式・図・考え方）

　　　　　　　　　　　　　　　　　　　　　　　　答（　　　　　）

例題3、くだもの屋さんがりんごを1個あたり80円で20個仕入れてきて1個あたり150円の定価で10個売り出しました。売れ残ったので残りを100円に値引して売り出したところ8個売れました。残りはくさってしまい、売れませんでした。このとき次の問いに答えなさい。

⑴、定価で全部売れたとしたら総利益はいくらになったでしょうか。
　（式・図・考え方）150-80=70円…1個あたりの利益。70×20=1400円…20個の利益。　　別解：150×20=3000円…総売上。80×20=1600円…仕入れ総額。3000-1600=1400（円）…定価での利益総額

答（　1400円　）

⑵、売上の総額を求めなさい。
　（式・図・考え方）150×10+100×8=2300（円）　くさったものは売上になりませんので0円です。

答（　2300円　）

⑶、実際（じっさい）の利益総額はいくらでしたか。
　（式・図・考え方）80×20=1600（円）…仕入れ総額　2300-1600=700円

答（　700円　）

類題3-1、文房具屋（ぶんぼうぐや）さんがノートを1冊あたり50円で30冊仕入れてきて1冊あたり80円の定価で20冊売れました。売れ残ったので残りを40円の値段にまで安くして売り出したところ7冊売れました。それでも売れなかった分は傷（いた）んだので捨てました。このとき次の問いに答えなさい。

⑴、定価で全部売れたとしたら総利益はいくらのはずでしたか。
　（式・図・考え方）

答（　　　　　）

⑵、実際の売上の総額を求めなさい。
　（式・図・考え方）

答（　　　　　）

⑶、実際の利益総額はいくらでしたか。
　（式・図・考え方）

答（　　　　　）

＃＃＃＃＃＃＃＃＃＃＃＃＃＃＃＃＃＃＃＃＃＃＃＃＃＃＃＃

練習1、1個100円でパイナップルを8個仕入れました。1個160円の定価で売り出しました。

⑴、全て定価で売れると利益の総額はいくらになりますか。
　（式・図・考え方）

答（　　　　　）

⑵、6個が定価で売れたが残りは売れなかったので捨てた場合、総利益はいくらになりますか。
（式・図・考え方）

答（　　　　　　　）

練習2、ある商品を1個200円で15個仕入れました。そして1個300円の定価で売り出しました。
⑴、全て定価で売れると利益の総額はいくらになりますか。
（式・図・考え方）

答（　　　　　　　）

⑵、12個が定価で売れたが、残りは売れなかったので定価の200円引きにしたところ、全部売れました。総利益はいくらになりましたか。
（式・図・考え方）

答（　　　　　　　）

練習3、ある商品を1個100円で10個仕入れました。そして1個120円の定価で売り出しました。
⑴、全て定価で売れると利益の総額はいくらになりますか。
（式・図・考え方）

答（　　　　　　　）

⑵、4個が定価で売れたが、残りは売れなかったので定価の半額（定価の半分の値段）にしたところ、全部売れました。損失はいくらになりましたか。
（式・図・考え方）

答（　　　　　　　）

練習4、時計を1個500円で20個仕入れました。そして1個800円の定価で売り出しました。
⑴、全て定価で売れると利益の総額はいくらになりますか。
（式・図・考え方）

答（　　　　　　　）

(2)、15個が定価で売れたが、残りは売れなかったので定価から何円かを引いたところ全部売れ、総利益は4000円になりました。何円値引きしましたか。
（式・図・考え方）

答（　　　　　　）

練習5、みかんを1個何円かで12個仕入れました。1個150円の定価で売り出しました。
(1)、全て定価で売れると利益の総額は600円になります。みかん1個の仕入れ値はいくらでしたか。
（式・図・考え方）

答（　　　　　　）

(2)、定価では4個しか売れませんでした。残りを安くして全部売ることにしました。1個当たり何円で売ると得も損もしないようになりますか。
（式・図・考え方）

答（　　　　　　）

練習6、リンゴを1個120円で30個仕入れました。何円かの定価で売り出しました。
(1)、全て定価で売れ、利益の総額が1500円になるとき、定価はいくらですか。
（式・図・考え方）

答（　　　　　　）

(2)、実際には利益を80円見込んで定価をつけて20個売りました。残りを値引きして全て売って利益の総額を1500円にしたい。値引き後の売値をいくらにしたらよいでしょうか。
（式・図・考え方）

答（　　　　　　）

確認テスト（第4章～第5章）　　　月　　日（　　点/100）

時間20分：合格80点

<1> さとうが500gあります。これの3割8厘は何gですか。
（式・図・考え方）

答（　　　　　）（20点）

<2> 1個90円の原価でレモンを10個仕入れ、1個150円の定価で売り出しました。5個を定価で売り、3個を100円に値引いて売ったが、残りは売れなかったので捨てました。総利益はいくらになりましたか。
（式・図・考え方）

答（　　　　　）（20点）

<3> ある商品を1個120円で25個仕入れ、1個200円の定価で売り出しました。
(1)、全て定価で売れると利益の総額はいくらになりますか。
（式・図・考え方）

答（　　　　　）（15点）

(2)、20個が定価で売れたが、残りは売れなかったので定価の50円引きで全部売りました。総利益はいくらになりましたか。
（式・図・考え方）

答（　　　　　）（15点）

<4> パンを1個60円で80個仕入れました。そして1個100円の定価で売り出しました。
(1)、全て定価で売れると利益の総額はいくらになりますか。
（式・図・考え方）

答（　　　　　）（15点）

(2)、70個が定価で売れたが、残りは売れなかったので定価から何円かを引いて全部売ったところ総利益は2750円になりました。何円値引きしましたか。
（式・図・考え方）

答（　　　　　）（15点）

第6章、倍や割合の合成

「りんご1個の値段はみかん1個の値段の2倍」のとき、「りんご1個とみかん1個の合計の値段はみかん1個の値段の何倍に当たるか」を考えるために、以下の図をみて見ましょう。

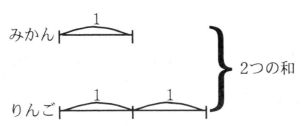

上の図を見ると分かるように、「みかん1個とりんご1個の2つの和」は「1+2=3」、すなわち「みかん1個の値段の3倍」に当たります。

次に、「りんご1個の値段はみかん1個の値段の2倍」の時、「りんご2個とみかん3個の合計の値段はみかん何個分の値段に当たるか」を同じように図を見て考えましょう。

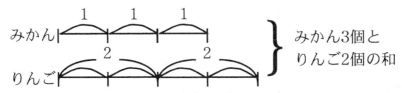

図を見ると分かるように、「みかん3個とりんご2個の和」は「3+2×2=7」、すなわち「みかん1個の値段の7倍」に当たります。

例題1、りんご1個の値段はみかん1個の値段の1.2倍です。りんご2個とみかん1個の合計の値段はみかん1個の値段の何倍ですか。
　（式・図・考え方）りんご2個は1.2×2=2.4倍です。これにみかん1個の1倍を加えると、2.4+1=3.4倍となります。　　　　答（　3.4倍　）

類題1-1、りんご1個の値段はみかん1個の値段の1.5倍です。次の問いに答えなさい。

(1)、りんご2個の値段はみかん1個の値段の何倍ですか。
　（式・図・考え方）

答（　　　　　　　）

(2)、りんご3個の値段はみかん1個の値段の何倍ですか。
　（式・図・考え方）

(3)、りんご2個とみかん1個の合計の値段はみかん1個の値段の何倍ですか。
（式・図・考え方）

答（　　　　　）

(4)、りんご5個とみかん3個の合計の値段はみかん1個の値段の何倍ですか。
（式・図・考え方）

答（　　　　　）

類題1-2、ノート1冊の値段はえんぴつ1本の値段の1.2倍です。次の問いに答えなさい。

(1)、ノート2冊の値段はえんぴつ1本の値段の何倍ですか。
（式・図・考え方）

答（　　　　　）

(2)、ノート5冊の値段はえんぴつ1本の値段の何倍ですか。
（式・図・考え方）

答（　　　　　）

(3)、ノート3冊とえんぴつ2本の合計の値段はえんぴつ1本の値段の何倍ですか。
（式・図・考え方）

答（　　　　　）

(4)、ノート4冊とえんぴつ5本の合計の値段はえんぴつ1本の値段の何倍ですか。
（式・図・考え方）

答（　　　　　）

例題2、みかん1個の値段をもとにするとりんご1個の値段の割合は1.8です。みかん1個の値段を1とすると、りんご3個とみかん2個の合計の値段の割合はいくらですか。

（式・図・考え方）りんご3個は1.8×3=5.4で、みかん2個は1×2=2となります。5.4+2=7.4となります。　　　　　答（　7.4　）

類題2-1、みかん1個の値段をもとにするとりんご1個の値段の割合は1.6です。みかん1個の値段を1として、次の問いに答えなさい。

⑴、りんご3個の値段の割合はいくらですか。
　（式・図・考え方）

答（　　　　　　　）

⑵、りんご5個とみかん1個の合計の値段の割合はいくらですか。
　（式・図・考え方）

答（　　　　　　　）

⑶、りんご何個かの合計の値段の割合が6.4のとき、りんごは何個あります
か。。
　（式・図・考え方）

答（　　　　　　　）

⑷、りんご何個かとみかん2個の合計の値段の割合が6.8のとき、りんごは何個
あります か。
　（式・図・考え方）

答（　　　　　　　）

類題2-2、えんぴつ1本の値段を1としたとき、ノート1冊の値段は2.4となります。えんぴつ1本の値段を1としたとき、次の問いに答えなさい。
⑴、ノート2冊の値段はいくらですか。
　（式・図・考え方）

答（　　　　　　　）

⑵、ノート7冊のとえんぴつ3本の合計の値段はいくらになりますか。
　（式・図・考え方）

答（　　　　　　　）

⑶、ノート何冊かの合計の値段が12のとき、ノートは何冊ありますか。
　（式・図・考え方）

答（　　　　　　　）

⑷、ノート4冊とえんぴつ何本かの合計の値段が12.6のとき、えんぴつは何本
あります か。
　（式・図・考え方）

例題3、A・B・Cの3つの数があります。BはAの2倍で、CはBの3倍です。CはAの何倍ですか。

（式・図・考え方）A・B・Cの関係を図に表すと下図のようになります。

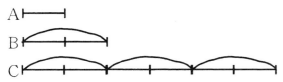

また、式に表すと「BはAの2倍」は「B=A×2」、「CはBの3倍」は「C=B×3」となります。このとき、Aを1とすると、B=1×2=2でBは2となります。C=2×3=6となります。これから、CはAの6倍と分かります。

答（　6倍　）

類題3-1、A・B・Cの3つの数があります。BはAの1.5倍で、CはBの5倍です。CはAの何倍ですか。

（式・図・考え方）

答（　　　　）

類題3-2、A・B・Cの3つの数があります。AはCの0.8倍で、CはBの2倍です。AはBの何倍ですか。

（式・図・考え方）

答（　　　　）

例題4、A・B・Cの3つの数があります。BはAの2倍で、CはAの3倍です。CはBの何倍ですか。

（式・図・考え方）式に表すと「B=A×2」、「C=A×3」になります。問いが聞いているのはBの何倍なので、Bを1として考えます。「B=A×2」は「1=A×2」となるので逆算して、A=1÷2=0.5となります。「C=A×3」の式にA=0.5をあてはめてC=0.5×3=1.5となります。これでCはBの1.5倍と分かります。

答（　1.5倍　）

類題4-1、A・B・Cの3つの数があります。BはAの4倍で、CはAの5倍です。BはCの何倍ですか。

（式・図・考え方）

答（　　　　）

例題5、A・B・Cの3つの数があります。BはAの2割で、CはAの250％です。CはBの何倍ですか。
（式・図・考え方）式に表すと「B=A×0.2」、「C=A×2.5」になります。問いが聞いているのはBの何倍なので、Bを1として考えます。「B=A×0.2」は「1=A×0.2」となるので逆算して、A=1÷0.2=5となります。「C=A×2.5」の式にA=5をあてはめてC=5×2.5=12.5となります。これでCはBの12.5倍と分かります。

答（　12.5倍　）

類題5-1、A・B・Cの3つの数があります。AはBの25％で、CはBの7割です。CはAの何倍ですか。
（式・図・考え方）

答（　　　　　　）

例題6、A・B・Cの3つの数があります。BはAの3倍で、CはAの5倍です。BとCの差はAの何倍ですか。
（式・図・考え方）Aを1とするとBは1×3=3となり、Cは1×5=5となります。BとCの差は5-3=2となります。

答（　2倍　）

類題6-1、A・B・Cの3つの数があります。BはAの2.5倍で、CはAの3倍です。BとCの差はAの何倍ですか。
（式・図・考え方）

答（　　　　　　）

例題7、A・B・Cの3つの数があります。BはAの2倍で、CはBの5倍です。BとCの差はAの何倍ですか。
（式・図・考え方）Aを1とするとBは1×2=2となり、Cは2×5=10となります。BとCの差は10-2=8となります。

答（　8倍　）

類題7-1、A・B・Cの3つの数があります。BはAの5倍で、CはBの0.5倍です。BとCの差はAの何倍ですか。
（式・図・考え方）

答（　　　　　　）

###############################
練習1、りんご1個の値段はみかん1個の値段の2.4倍です。かき1個の値段はみかん1個の値段の1.5倍です。りんご2個・かき3個・みかん4個の合計の値段

はみかん1個の値段の何倍ですか。
（式・図・考え方）

答（　　　　　）

練習2、A・B・Cの3つの数があります。BはAの2.5倍で、CはBの1.2倍です。CはAの何倍ですか。
（式・図・考え方）

答（　　　　　）

練習3、A・B・Cの3つの数があります。BはAの4倍で、CはAの60％です。CはBの何％ですか。
（式・図・考え方）

答（　　　　　）

練習4、A・B・Cの3つの数があります。AはBの40％で、CはAの2倍です。BはCの何倍ですか。
（式・図・考え方）

答（　　　　　）

練習5、みかん1個の値段をもとにする量とします。りんご1個の値段の割合は1.5で、バナナ1本の値段の割合は2.4です。さて、りんご2個とバナナ何本かの合計の値段の割合が19.8のとき、バナナは何本ありますか。
（式・図・考え方）

答（　　　　　）

練習6、A・B・Cの3つの数があります。BはAの1.4倍で、CはBの2.5倍です。BとCの差はAの何倍ですか。
（式・図・考え方）

答（　　　　　）

練習7、A・B・Cの3つの数があります。BはAの3.4倍で、CはAの2.5倍です。BとCの差はAの何倍ですか。
（式・図・考え方）

答（　　　　　）

第7章、割増しと割引き（わりましとわりびき）

　2割増しとは、元の数量よりその2割（0.2倍）が増えるという意味です。例えば、30円の2割増しとは30円の2割である30×0.2=6円が増えるので30+6=36円になることです。また、この2割増しとは、「もとにする量の1より0.2増えるので1+0.2=1.2倍になる」と言う意味でもあります。このことから30×(1+0.2)=36円とも計算できます。同じように、2割引きは2割安くすることなので、元の数の0.2倍を安くすることと、元の数の1-0.2=0.8倍にすることとは、同じことを表しています。

例題1、「50円の3割増し」について次の問いに答えなさい。
(1)、もとにする量の何倍が増えることですか。
　（式・図・考え方）「50円の3割増し」は「50円の0.3倍が増える」ことと同じです。もとにする量は50円ですから、0.3倍が答になります。答（0.3倍）
(2)、もとにする量の何倍になることですか。
　（式・図・考え方）「0.3倍が増える」ので「1より0.3増える」と考えます。ですから、1+0.3=1.3倍になります。　　　　　　　答（1.3倍）
(3)、何円が増えますか。
　（式・図・考え方）50×0.3=15（円）
　　　　　　　　　　　　　　　　　　　　　　　　答（　15円　）
(4)、何円になりますか。
　（式・図・考え方）50×(1+0.3)=65（円）　；別解　50+15=65（円）
　　　　　　　　　　　　　　　　　　　　　　　　答（　65円　）

類題1-1、「70円の6割増し」について次の問いに答えなさい。
(1)、もとにする量の何倍が増えることですか。
　（式・図・考え方）
　　　　　　　　　　　　　　　　　　　　　　　　答（　　　　　）
(2)、もとにする量の何倍になることですか。
　（式・図・考え方）
　　　　　　　　　　　　　　　　　　　　　　　　答（　　　　　）
(3)、何円が増えますか。
　（式・図・考え方）
　　　　　　　　　　　　　　　　　　　　　　　　答（　　　　　）
(4)、何円になりますか。
　（式・図・考え方）
　　　　　　　　　　　　　　　　　　　　　　　　答（　　　　　）

例題2、「60円の4割引き」について次の問いに答えなさい。
⑴、もとにする量の何倍が減ることですか。（減る：へる）
（式・図・考え方）「60円の4割引き」は「60円の0.4倍が減る」ことと同じです。もとにする量は60円ですから、0.4倍が答になります。答（0.4倍）
⑵、もとにする量の何倍になることですか。
（式・図・考え方）「0.4倍が減る」ので「1より0.4減る」と考えます。ですから、1-0.4=0.6倍になります。　　　　　　　　答（0.6倍）
⑶、何円が減りますか。
（式・図・考え方）60×0.4=24（円）

答（　24円　）
⑷、何円になりますか。
（式・図・考え方）60×(1-0.4)=36（円）；別解　60-24=36（円）

答（　36円　）

類題2-1、「400円の7割引き」について次の問いに答えなさい。
⑴、もとにする量の何倍が減ることですか。（減る：へる）
（式・図・考え方）

答（　　　　）
⑵、もとにする量の何倍になることですか。
（式・図・考え方）

答（　　　　）
⑶、何円が減りますか。
（式・図・考え方）

答（　　　　）
⑷、何円になりますか。
（式・図・考え方）

答（　　　　）

例題3、ある金額の2割増しは240円です。ある金額は何円ですか。
（式・図・考え方）「ある金額の2割増しは240円」は「ある金額の1+0.2=1.2倍は240円」という意味になります。これを式に表すと
「ある金額×(1+0.2)=240円」となります。これを逆算して求めます。
$$240÷(1+0.2)=240÷1.2=200（円）$$

答（　200円　）

類題3-1、ある金額の2割引きは240円です。ある金額は何円ですか。
（式・図・考え方）

答（　　　　）

原価の何割増し・定価の何割引き

　ふつう商店では商品を仕入れた金額の何割かの利益を加えて定価をつけます（原価の△割増しの定価）。また定価で売れ残るとその商品の値段を引いて売ることがあります。そのとき定価の△割を安くする場合、△割引きと表します。

例題4、りんごを200円で仕入れました。原価の3割増しの定価をつけました。定価はいくらですか。

　（式・図・考え方）3割増しは1+0.3=1.3倍の意味ですから、
200×(1+0.3)=260（円）

答（　260円　）

類題4-1、150円でかんづめを仕入れました。4割増しの定価で売り出しました。定価はいくらですか。

　（式・図・考え方）

答（　　　　　）

［注：「仕入れ値の4割増しの定価」と表すところを「仕入れ値の」をはぶいて「4割増しの定価」と表すことがあります。］

例題5、ノートを定価250円では売れないので定価の2割引きで売りました。売値はいくらですか。

　（式・図・考え方）2割引きは1-0.2=0.8倍の意味ですから、
250×(1-0.2)=200（円）

答（　200円　）

類題5-1、定価4500円の服が、バーゲンセールで4割引きで売り出されます。売値はいくらですか。

　（式・図・考え方）

答（　　　　　）

［注：「定価の4割引きの売値」と表すところを「定価の」をはぶいて「4割引きの売値」と表すことがあります。］

例題6、りんごを仕入れ値の4割増しの定価をつけました。定価は210円でした。仕入れ値はいくらですか。

　（式・図・考え方）4割増しは1+0.4=1.4倍の意味ですから、仕入れ値をXとするとX×(1+0.4)=210（円）、逆算をしてX=210÷(1+0.4)=150（円）

答（　150円　）

類題6-1、2割5分増しの定価が200円です。原価はいくらですか。

　（式・図・考え方）

答（　　　　　）

###################################
練習1、800gの3割増しは何gですか。
（式・図・考え方）

答（　　　　　　）

練習2、400円の2割5分引きは何円ですか。
（式・図・考え方）

答（　　　　　　）

練習3、350ｃｍの2割引きは何ｃｍ減らすことですか。
（式・図・考え方）

答（　　　　　　）

練習4、360円の5割増しは何倍にすることですか。
（式・図・考え方）

答（　　　　　　）

練習5、ある金額の3割増しは780円です。ある金額を求めなさい。
（式・図・考え方）

答（　　　　　　）

練習6、定価120円のノートが、バーゲンセールで2割5分引きで売り出されます。売値はいくらですか。
（式・図・考え方）

答（　　　　　　）

練習7、原価200円である商品を仕入れました。5割増しの定価はいくらですか。
（式・図・考え方）

答（　　　　　　）

練習8、くだもの屋では、りんごは3割5分増しの定価がついています。定価は270円でした。原価はいくらですか。
（式・図・考え方）

答（　　　　　　）

練習9、バーゲンセールで6割引きの売値が360円でした。定価はいくらですか。
（式・図・考え方）

答（　　　　　　）

確認テスト（第6章～第7章）　　月　　日（　　点／100）

時間20分：合格80点

<1> A・B・Cの3つの数があります。AはBの80％で、CはAの0.25倍です。BはCの何倍ですか。
（式・図・考え方）

答（　　　　　　）（20点）

<2> みかん1個の値段をもとにすると、りんご1個の値段の割合は2.6です。みかん1個の値段を1とすると、りんご4個とみかん3個の合計の値段の割合はいくらですか。
（式・図・考え方）

答（　　　　　　）（20点）

<3> くだもの屋では、りんごは4割5分増しの定価がついています。定価は435円でした。原価はいくらですか。
（式・図・考え方）

答（　　　　　　）（20点）

<4> バーゲンセールで3割5分引きの売値が845円でした。定価はいくらですか。
（式・図・考え方）

答（　　　　　　）（20点）

<5> 300円で仕入れた商品に3割増しの定価をつけました。定価はいくらですか。
（式・図・考え方）

答（　　　　　　）（20点）

第8章、売買算と相当算
（売買算：ばいばいざん、相当算：そうとうざん）

　商店で商品を売ったり買ったりすることに関する算数の問題を売買算と言います。売買算の多くは、原価を「もとにする量」として考えます。そのとき、ある金額が原価の何倍になることをもとに解くことがあります。このとき、ある金額が原価の何倍かに相当するとも言うので相当算とも言います。

例題1、原価の5割増しの定価をつけたが売れないので定価の2割引きで売りました。すると利益は、60円になりました。次の問いに答えなさい。
(1)、原価を1とすると、定価はいくらですか。
　（式・図・考え方）定価は原価の1+0.5=1.5倍になる。

答（　1.5　）

(2)、原価を1とすると、値引き後の売値はいくらですか。
　（式・図・考え方）売値は定価の1-0.2=0.8倍である。
(1+0.5)×(1-0.2)=1.5×0.8=1.2

答（　1.2　）

(3)、原価を1とすると、利益の60円の割合はいくらですか。
　（式・図・考え方）原価をもとにする量としたときの利益の割合は
「売値の割合」-「原価の割合」=1.2-1=0.2

答（　0.2　）

(4)、原価と定価と売値はそれぞれいくらですか。
　（式・図・考え方）利益の割合が0.2と言うことは、原価の0.2倍が60円と言う意味になります。原価×0.2=60（円）ですから、原価=60÷0.2=300（円）
定価は原価の1.5倍なので、300×1.5=450（円）。また、売値は原価の1.2倍なので300×1.2=360円となります。ただし、売値は定価の2割引きですから
450×(1-0.2)=360（円）としても、さらに利益が60円なのですから、
300+60=360（円）としても求められます。

答（原価は300円、定価は450円、売値は360円）

類題1-1、原価の6割増しの定価をつけたが売れないので定価の1割引きで売りました。すると利益は、220円になりました。次の問いに答えなさい。
(1)、原価を1とすると、定価はいくらですか。
　（式・図・考え方）

答（　　　　　　）

(2)、原価を1とすると、値引き後の売値はいくらですか。
　（式・図・考え方）

答（　　　　　　　）

(3)、原価を1とすると、利益の220円の割合はいくらですか。
　（式・図・考え方）

答（　　　　　　　）

(4)、原価と定価と売値はそれぞれいくらですか。
　（式・図・考え方）

答（原価は　　　　　、定価は　　　　　、売値は　　　　　）

例題2、原価の2割増しの定価をつけたが売れないので定価の2割引きで売りました。すると売値は原価より安くなってしまい、120円を損してしまいました。売値はいくらでしたか。
　（式・図・考え方）定価は原価の1+0.2=1.2倍になり、売値は定価の1-0.2=0.8倍となる。ですから、原価を1とすると、定価は1×(1+0.2)=1.2、売値は1.2×(1-0.2)=0.96となる。損失（そんしつ）は1-0.96=0.04の割合になる。これは原価の0.04倍が損失の120円に相当することを意味します。そこで原価×0.04=120（円）という式ができます。これを逆算して、120÷0.04=3000（円）が原価となります。そこで、売値は原価の0.96倍として求めると、3000×0.96=2880（円）となります。また、120円損したことから、3000-120=2880（円）として求めることもできます。両方で計算すると検算にもなります。

答（　2880円　）

類題2-1、原価の6割増しの定価をつけたが売れないので定価の5割引きで売りました。すると売値は原価より安くなってしまい、50円を損してしまいました。定価はいくらでしたか。
　（式・図・考え方）

答（　　　　　　　）

例題3、仕入れ値の3割増しの定価をつけたが売れないので、定価から70円値引いて売ったところ利益は20円となった。売値はいくらですか。
　（式・図・考え方）仕入れ値を1とすると0.3倍が70+20=90円となります。

仕入れ値×0.3=90（円）ですから。仕入れ値=90÷0.3=300円。売値は300+20=320（円）

答（　320円　）

類題3-1、仕入れ値の4割増しの定価をつけたが売れないので、定価から60円値引いて売ったところ利益は40円となった。売値はいくらですか。
（式・図・考え方）

答（　　　　　）

例題4、仕入れ値の4割増しの定価をつけたが売れないので、定価から70円値引いて売ったところ損失が20円となった。定価はいくらですか。
（式・図・考え方）下図のように70-20=50（円）が仕入れ値の0.4倍に相当する。

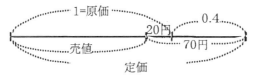

50÷0.4=125（円）、125×(1+0.4)=175（円）

答（　175円　）

類題4-1、原価の2割5分増しの定価をつけたが売れないので、160円引きで売ったところ40円の損となった。売り値はいくらですか。
（式・図・考え方）

答（　　　　　）

例題5、たつや君は何円かを持って靴を買いに行きました。お金が150円足りなかったのでまけてくれますかと頼んだところ、定価の15％引きにしてもらいました。するとおつりが120円もどりました。持っていたお金はいくらですか。（靴：くつ、頼む：たのむ）
（式・図・考え方）150+120=270（円）が、定価の0.15倍に当たります。

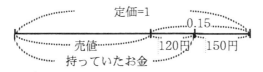

定価×0.15=270（円）ですから、逆算して270÷0.15=1800（円）となります。1800-150=1650円

答（　1650円　）

類題5-1、ゆう子さんは何円かを持ってぬいぐるみを買いに行きました。お金が180円足りなかったので困っていると、店員さんが1割負けてあげようと言ってくれました。ゆう子さんはぬいぐるみとおつりの60円を持って帰りました。持っていたお金はいくらですか。
（式・図・考え方）

答（　　　　　　）

例題6、ある商品を定価の1割引きで売るとまだ160円もうかりますが、2割引きで売ると80円損します。この商品の定価は原価の何割増しですか。
（式・図・考え方）定価の1割引きの値段は原価より160円多く、2割引きの値段は原価より80円少ない。1割引きと2割引きの差が160+80=240円なので、定価の0.2-0.1=0.1倍が240円に相当します。ですから定価は240÷0.1=2400円となります。原価は1割引きで売ってもまだ160円もうかるので2400×(1-0.1)-160=2000円となる。定価は原価の2400÷2000=1.2倍です。1.2-1=0.2増えています。

答（　2割増し　）

類題6-1、ある商品を定価の2割引きで売ると280円もうかりますが、2割5分引きで売ってもまだ175円もうかります。この商品の定価は原価の何割増しですか。
（式・図・考え方）

答（　　　　　　）

例題7、ある商品を10個仕入れました。4割増しの定価をつけて、8個売りましたが、2個は売れ残りました。そこで、残った2個は定価の半額にして2個とも売りました。すると、利益の合計は780円でした。売り上げの合計はいくらでしたか。
（式・図・考え方）商品1個の原価を1とします。4割増しの定価は1+0.4=1.4になります。定価の半額は1.4÷2=0.7です。売り上げの合計は1.4×8+0.7×2=12.6となります。また、原価の合計は1×10=10となり、利益の合計は売り上げの合計-原価の合計なので、12.6-10=2.6となります。言いかえると、「商品1個の原価の2.6倍が利益の合計の780円」となります。そこで、780÷2.6=300（円）が商品1個の原価となります。売り上げの合計はこの12.6倍な

ので、300×12.6=3780（円）です。

答（　3780円　）

類題7-1、ある商品を15個仕入れました。5割増しの定価をつけて、12個売りましたが、3個は売れ残りました。そこで、残りの3個は定価の2割引きにして3個とも売りました。すると、利益の合計は3300円でした。売り上げの合計はいくらでしたか。

（式・図・考え方）

答（　　　　　　）

類題7-2、ある商品を12個仕入れました。2割増しの定価をつけて、6個売りましたが、6個は売れ残りました。そこで、残りの6個は定価の6割引きにして売りました。すると、売上げの合計は2016円でした。このとき合計ではいくらの利益が出ましたか。または、いくらの損失がでましたか。

（式・図・考え方）

答（　　　　　　）

##

練習1、原価の5割増しの定価をつけたが売れないので定価の4割引きで売りました。すると、180円を損してしまいました。売値はいくらでしたか。

（式・図・考え方）

答（　　　　　　）

練習2、原価の7割5分増しの定価をつけたが売れないので定価の4割引きで売りました。すると利益は、90円になりました。次の問いに答えなさい。

⑴、原価を1とすると、値引き後の売値はいくらですか。

（式・図・考え方）

答（　　　　　　）

⑵、売値は何円ですか。

（式・図・考え方）

答（　　　　　　）

練習3、仕入れ値の6割増しの定価をつけたが売れないので、定価から150円安くして売ったところまだ30円利益があった。売値はいくらですか。
（式・図・考え方）

答（　　　　　　）

練習4、ゆうき君は何円かを持ってコンビニに弁当（べんとう）を買いに行きました。定価で買おうとしたら、お金が25円足りません。そこで、2割引きにしてもらえるクーポン券を使って弁当を買いました。すると、75円余りました。持っていたお金はいくらですか。
（式・図・考え方）

答（　　　　　　）

練習5、原価の3割5分増しの定価をつけたが売れないので、250円引きで売ったところ40円の損となった。売り値はいくらですか。
（式・図・考え方）

答（　　　　　　）

練習6、ある商品を20個仕入れました。2割増しの定価をつけて、18個売りましたが、2個は売れ残りました。そこで、残ったの2個は定価の3割引きにして売りました。すると、利益の合計は1968円でした。売り上げの合計はいくらでしたか。
（式・図・考え方）

答（　　　　　　）

練習7、定価の3割引きでは120円の利益があるが、5割引きだと200円の損になります。この場合、定価は仕入れ値の何割増しですか。
（式・図・考え方）

答（　　　　　　）

確認テスト（第8章）　　　月　　日（　　点/100）

時間20分：合格80点

<1> 原価の4割増しの定価をつけたが売れないので定価の4割引きで売りました。すると、480円を損してしまいました。売値はいくらでしたか。
（式・図・考え方）

答（　　　　　　　）（20点）

<2> 定価の1割引きでは630円の利益があるが、4割引きだと180円の損になります。この場合、仕入れ値は何円ですか。
（式・図・考え方）

答（　　　　　　　）（20点）

<3> たろう君はいくらかのお金を持ってメロンを買いに行きました。定価で買うには400円たりません。2割引きでもまだ200円たりません。たろう君はいくらのお金を持っていますか。
（式・図・考え方）

答（　　　　　　　）（20点）

<4> 原価の5割6分増しの定価をつけたが売れないので、250円引きで売ったが、それでもまだ30円の利益があった。売り値はいくらですか。
（式・図・考え方）

答（　　　　　　　）（20点）

<5> ある商品を30個仕入れました。5割増しの定価をつけて、20個売りましたが、10個は売れ残りました。そこで、残り全部を定価の3割引きにして売りました。すると、利益の合計は1680円でした。売り上げの合計はいくらでしたか。
（式・図・考え方）

答（　　　　　　　）（20点）

第9章、2量以上の関係を割合で表して解く問題

例題1、A・B・Cの3つの数があります。BはAの3倍で、CはAの4倍です。A・B・Cの3つの数の合計は56です。A・B・Cの数はそれぞれいくらですか。

（式・図・考え方）Aを1とすると、Bは3、Cは4です。A・B・Cの3つの数の合計は1+3+4=8となり、Aの8倍となります。A×8=56となりますから、A=56÷8=7となる。B=7×3=21、C=7×4=28となる。

答（A=7、B=21、C=28）

類題1-1、A・B・Cの3つの数があります。BはAの2.5倍で、CはAの3倍です。A・B・Cの3つの数の合計は39です。A・B・Cの数はそれぞれいくらですか。

（式・図・考え方）

答（　Aは　　、Bは　　、Cは　　）

例題2、A・B・Cの3つの数があります。Aの5割がBで、Aの130％がCです。A・B・Cの3つの数の和が700です。A・B・Cの3つの数はそれぞれいくらですか。

（式・図・考え方）Aを1とすると、Bは0.5、Cは1.3です。3つの数の和は1+0.5+1.3=2.8となります。言いかえると、Aの2.8倍が3つの数の和の700です。Aは700÷2.8=250と求められる。Bは250×0.5=125、Cは250×1.3=325となります。

答（　Aは250、Bは125、Cは325　）

類題2-1、A・B・Cの3つの数があります。Aの3割5分がBで、Aの45％がCです。また、A・B・Cの3つの数の和が540です。A・B・Cの3つの数はそれぞれいくらですか。

（式・図・考え方）

答（　Aは　　、Bは　　、Cは　　）

類題2-2、A・B・Cの3つの数があります。Aの16割がBで、Aの0.8倍がCです。また、B・Cの2つの数の和が960です。A・B・Cの3つの数はそれぞれいくらですか。

（式・図・考え方）

答（　Aは　　　、Bは　　　、Cは　　　）

例題3、大きな円と小さな円が一部で重なっています。重なっている部分の面積イは大きな円の面積の20％、小さな円の50％です。ア・イ・ウの3つの部分の面積の和は、60c㎡です。大きな円と小さな円はそれぞれ何c㎡ですか。

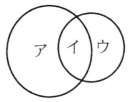

（式・図・考え方）大円を1とすると、イの部分は0.2、小円の0.5倍がイなので、小円×0.5=0.2となる。これから小円は0.2÷0.5=0.4となる。ウの部分だけの割合を求めると、小円−イ=0.4−0.2=0.2となる。ア・イ・ウの3つの部分の面積の和の割合は、大円（アとイの和）＋ウ=1+0.2=1.2の割合となる。言いかえると、大円の面積の1.2倍がア・イ・ウの3つの部分の面積の和の60c㎡となる。これから、大円は60÷1.2=50c㎡、小円は50×0.4=20c㎡

答（　大円は50c㎡、小円は20c㎡　）

類題3-1、大きな円と小さな円が一部で重なっています。重なっている部分の面積イは大きな円の面積の15％、小さな円の60％です。ア・イ・ウの3つの部分の面積の和は、132c㎡です。大きな円と小さな円はそれぞれ何c㎡ですか。

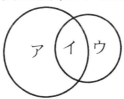

（式・図・考え方）

答（　大円は　　　c㎡、小円は　　　c㎡　）

例題4、A・B・Cの3本の竿（さお）を図のように池にまっすぐ入れました。水につかっている部分はAの20％、Bの40％、Cの50％に当たります。

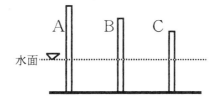

⑴、池の深さを1とすると、A・B・Cの3本の竿の長さはそれぞれいくらですか。
（式・図・考え方）A×0.2=池の深さ、B×0.4=池の深さ、C×0.5=池の深さです。池の深さを1とすると、A=1÷0.2=5、B=1÷0.4=2.5、C=1÷0.5=2となります。

答（　Aは5、Bは2.5、Cは2　）

⑵、Bの竿とCの竿の長さの差が30cmです。池の深さとAの竿の長さは何cmですか。
（式・図・考え方）BとCの差の割合は2.5-2=0.5です。いいかえると、「池の深さの0.5倍がBとCの差の30cm」ということです。これから、池の深さは、30÷0.5=60（cm）と求められます。Aは60×5=300（cm）です。

答（　池の深さは60cm、Aの竿の長さは300cm　）

類題4-1、A・B・Cの3本の竿（さお）を図のように池にまっすぐ入れました。水につかっている部分はAの10％、Bの25％、Cの40％に当たります。

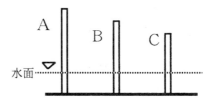

⑴、池の深さを1とすると、A・B・Cの3本の竿の長さはそれぞれいくらですか。
（式・図・考え方）

答（　A　　　、B　　　、C　　　）

⑵、Aの竿とCの竿の長さの和が250cmです。池の深さとBの竿の長さは何cmですか。
（式・図・考え方）

答（　池の深さ　　　、B　　　）

例題5、A・Bの2本の竿を図のように池にまっすぐ入れました。水につかっていない部分はAの80％、Bの75％に当たります。

⑴、池の深さを1とすると、A・Bの2本の竿の長さはそれぞれいくらですか。

（式・図・考え方）A×(1−0.8)=池の深さ、B×(1−0.75)=池の深さです。池の深さを1とすると、A=1÷(1−0.8)=5、B=1÷(1−0.75)=4となる。
答（ Aは5、Bは4 ）

⑵、Aの竿とBの竿の長さの和が360cmです。池の深さは何cmですか。
（式・図・考え方）AとBの和の割合は5+4=9です。いいかえると、「池の深さの9倍がAとBの和の360cm」ということです。これから、池の深さは、360÷9=40（cm）と求められます。
答（ 40cm ）

類題5−1、A・Bの2本の竿を図のように池にまっすぐ入れました。水につかっていない部分はAの75％、Bの50％に当たります。

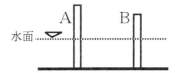

⑴、池の深さを1とすると、A・Bの2本の竿の長さはそれぞれいくらですか。
（式・図・考え方）

答（ A　　　　、B　　　　　）

⑵、Aの竿とBの竿の長さの和が180cmです。池の深さは何cmですか。
（式・図・考え方）

答（　　　　　　）

＃＃＃＃＃＃＃＃＃＃＃＃＃＃＃＃＃＃＃＃＃＃＃＃＃＃＃＃＃
練習1、A・B・Cの3つの数があります。BはAの250％で、CはAの5割です。B・Cの2つの数の合計は54です。A・B・Cの数はそれぞれいくらですか。
（式・図・考え方）

答（ A　　　、B　　　、C　　　）

練習2、A・B・Cの3つの数があります。Aの3割8分がBで、Aの50％がCです。B・Cの2つの数の差が120です。A・B・Cの3つの数はそれぞれいくらですか。
（式・図・考え方）

答（ A　　　、B　　　、C　　　）

練習3、大きな円と小さな円が一部で重なっています。重なっている部分イの面積は大きな円の面積の25%、小さな円の40%です。アとウの面積の差は、24cm²です。大きな円は何cm²ですか。

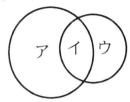

（式・図・考え方）

答（　　　　　）

練習4、A・B・Cの3本の竿（さお）を図のように池にまっすぐ入れました。水につかっている部分はAの24%、Bの30%です。また、Cの竿全体の長さはBの竿全体の長さの75%に当たります。

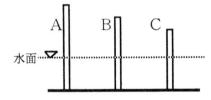

(1)、Aの竿の長さを1とすると、池の深さとB・Cの2本の竿の長さはそれぞれいくらですか。
（式・図・考え方）

答（池の深さ　　　　、B　　　、C　　　）

(2)、Aの竿とCの竿の長さの差が60cmです。池の深さとBの竿の長さは何cmですか。
（式・図・考え方）

答（池の深さ　　　　、B　　　）

確認テスト（第9章）　　月　　日（　　点/100）

時間20分：合格80点

<1> A・B・Cの3つの数があります。BはAの70%で、CはAの11割です。また、B・Cの2つの数の合計は108です。A・B・Cの数はそれぞれいくらですか。
（式・図・考え方）

答（Aは　　　、Bは　　　、Cは　　　）（20点）

<2> A・B・Cの3本の竿（さお）を図のように池にまっすぐ入れました。Aの25%とBの30%は水につかっています。Cの竿全体の長さはBの竿全体の長さの80%に当たります。

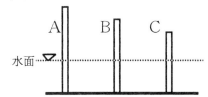

(1)、Bの竿の長さを1とすると、池の深さとA・Cの2本の竿の長さはそれぞれいくらですか。
（式・図・考え方）

答（池の深さ　　　、A　　　、C　　　）（30点）

(2)、Aの竿とCの竿の長さの差が48cmです。池の深さとBの竿の長さはそれぞれ何cmですか。
（式・図・考え方）

答（池の深さ　　　、B　　　）（20点）

<3> 大きな円と小さな円が右図のように一部で重なっています。アの面積は大きな円の面積の60%、ウの面積は小さな円の面積の50%です。また大円と小円の面積の差は20cm²です。大きな円は何cm²ですか。

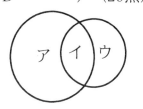

（式・図・考え方）

答（　　　　　）（30点）

第10章、食塩水の濃さ

　食塩水（しょくえんすい）の濃さ（こさ）とは何でしょう。まず、食塩水の味が塩からいほど濃く、何％かという％の数字が大きいほど濃いことを覚えましょう。つぎに、言葉の説明をしておきましょう。

食塩水　　　　　　　　　水に食塩をとかしたもの。
食塩水全体の重さ　　　　「水の重さ」＋「水にとけた食塩の重さ」
食塩水の濃さの割合　　　「食塩」÷「食塩＋水」
食塩水の濃さ（％）　　　（「食塩」÷「食塩＋水」）×100

　「5％」とは「0.05倍」のことなので、「5％の食塩水」とは「食塩水全体の重さの0.05倍は食塩の重さ」という意味になります。これを式に表すと「食塩水全体の重さ」×0.05＝「食塩の重さ」となります。

例題1、5％の食塩水が200gあります。この中に食塩は何gふくまれていますか。
　（式・図・考え方）問題文の「5％」の意味を式に表すと
　　　　　　　　　「食塩水全体の重さ」×0.05＝「食塩の重さ」
になります。食塩水全体の重さは200gになりますから、この200を式にあてはめて、200×0.05＝10（g）です。

　　　　　　　　　　　　　　　　　　　　　　　　　　答（　10g　）

類題1-1、4％の食塩水300gには食塩は何gふくまれていますか。
　（式・図・考え方）

　　　　　　　　　　　　　　　　　　　　　　　　　　答（　　　　　）

例題2、6％の食塩水が何gかあります。この中に食塩が15gがふくまれています。食塩水全体は何gですか。
　（式・図・考え方）問題文の「6％」の意味を式に表すと
　　　　　　　　　「食塩水全体の重さ」×0.06＝「食塩の重さ」
になります。食塩の重さは15gですから、この15を式にあてはめて、
　「食塩水全体の重さ」×0.06＝15（g）です。逆算をして
　　　　　　　　　「食塩水全体の重さ」＝15÷0.06＝250（g）

　　　　　　　　　　　　　　　　　　　　　　　　　　答（　250g　）

類題2-1、水に24gの食塩をまぜると8％の食塩水ができました。何gの食塩水ができましたか。
（式・図・考え方）

答（　　　　　　）

例題3、100gの水に25gの食塩をとかしました。何％の食塩水になりますか。
（式・図・考え方）「食塩水の濃さ」は「とけている食塩が食塩水全体の何倍」にあたるかで表します。それを百分率で表します。この問題では、食塩水全体は100+25=125（g）になりますから、25gが125gの何倍かが濃さになります。これに100をかけて百分率（％）になります。
$$25÷(100+25)=0.2 \quad 0.2×100=20％$$
答（　20％　）

類題3-1、27gの食塩を123gの水にとかすと何％の食塩水になりますか。
（式・図・考え方）

答（　　　　　　）

例題4、20％の食塩水が100gあります。次の問に答えなさい。
(1)、水の割合は食塩水全体に対していくらですか。
（式・図・考え方）問題文に「食塩水全体に対して」とあるので、食塩水全体をもとにする量「1」とします。すると食塩はその0.2倍なので、1×0.2=0.2。水の割合は1-0.2=0.8になります。
答（　0.8　）
(2)、水は何gありますか。
（式・図・考え方）(1)は「食塩水全体の0.8倍が水」という意味になります。そこで、これを式にして求めると、100×0.8=80（g）が水と分かります。
別解：食塩は100×0.2=20（g）。水は100-20=80（g）となる。
答（　80g　）

類題4-1、15％の食塩水が200gあります。水は何gありますか。
（式・図・考え方）

答（　　　　　　）

例題5、228gの水に食塩を何gか加えて5％の食塩水を作りたい。食塩を何g加えればよいですか。
（式・図・考え方）5％の食塩水では、水は食塩水全体の1-0.05=0.95倍になります。ですから「食塩水」×0.95=228（g）となる。これから

228÷0.95=240（g）が食塩水全体。228gの水に食塩を加えると5％の食塩水が240gできることになります。ですから、加える食塩は240-228=12（g）となります。

答（ 12g ）

類題5-1、132gの水に食塩を何gか加えて12％の食塩水を作りたい。食塩を何g加えればよいですか。

（式・図・考え方）

答（　　　　　）

例題6、5％の食塩水が100gあります。これに食塩を5g加えると何％になりますか。割り切れない場合は小数第1位まで求めなさい。

（式・図・考え方）塩の量の変化に注意します。はじめ、食塩水全体の0.05倍が食塩ですから、100×0.05=5gが食塩です。つぎに、食塩を5gまぜると、食塩は5+5=10gになります。食塩水全体の量も変化して100+5=105gになります。濃さの割合は10÷105ですが、濃さの％（百分率）はこれに×100をするので、10÷105×100=9.52…、小数第2位を四捨五入して9.5％とします。

答（ 9.5％ ）

類題6-1、5％の食塩水が180gあります。これに食塩を30g加えると何％になりますか。割り切れない場合は小数第1位まで求めなさい。

（式・図・考え方）

答（　　　　　）

類題6-2、6％の食塩水が150gあります。これに食塩を20g加えると何％になりますか。割り切れない場合は小数第1位まで求めなさい。

（式・図・考え方）

答（　　　　　）

＃＃＃＃＃＃＃＃＃＃＃＃＃＃＃＃＃＃＃＃＃＃＃＃＃＃＃＃＃＃＃

練習1、18％の食塩水が500gあります。この中に食塩は何gふくまれていますか。

（式・図・考え方）

答（　　　　　）

練習2、200gの水に食塩を何gか加えて20％の食塩水を作りたい。食塩を何g加えればよいでしょうか。

（式・図・考え方）

答（　　　　　　　）

練習3、5％の食塩水が何gかあります。この中に食塩13gがふくまれています。食塩水全体は何gですか。
（式・図・考え方）

答（　　　　　　　）

練習4、7％の食塩水が350gあります。そのうち水は何gですか。
（式・図・考え方）

答（　　　　　　　）

練習5、240gの水に60gの食塩をとかしました。何％の食塩水になりますか。
（式・図・考え方）

答（　　　　　　　）

練習6、7％の食塩水が100gあります。これに食塩を6gと水を44g加えると何％になりますか。割り切れない場合は小数第1位まで求めなさい。
（式・図・考え方）

答（　　　　　　　）

練習7、12％の食塩水が200gあります。これに食塩を16gと水を34g加えると何％になりますか。割り切れない場合は小数第1位まで求めなさい。
（式・図・考え方）

答（　　　　　　　）

練習8、5％の食塩水が100gあります。これに水を50gを加えると何％になりますか。割り切れない場合は小数第1位まで求めなさい。
（式・図・考え方）

答（　　　　　　　）

確認テスト（第10章）　　月　　日（　　点/100）

時間20分：合格80点：各20点

<1> 294gの水に食塩を何gか加えて16％の食塩水を作りたい。食塩を何g加えればよいでしょうか。
（式・図・考え方）

答（　　　　　）

<2> 15％の食塩水が300gあります。この中に食塩は何gふくまれていますか。
（式・図・考え方）

答（　　　　　）

<3> 2.5％の食塩水が何gかあります。この中に食塩14gがふくまれています。食塩水全体は何gですか。
（式・図・考え方）

答（　　　　　）

<4> 18％の食塩水が400gあります。そのうち水は何gですか。
（式・図・考え方）

答（　　　　　）

<5> 13％の食塩水が200gあります。これに食塩を10gと水を90g加えると何％になりますか。
（式・図・考え方）

答（　　　　　）

第11章、中学入試問題
実力テスト　　月　　日（　　点/100）

時間20分：合格80点

1、AはBより50％多く、BはCより30％少ないとき、AはCより何％多いでしょうか。（ヒント：Cより何％とはCをもとにする量とすることになる）

（創価中）

（式・図・考え方）

答（　　　　　　　　）

2、定価の25％引きが480円である品物の定価は何円ですか。
（式・図・考え方）　　　　　　　　　　　　　　（法政大第一中）

答（　　　　　　　　）

3、ある商品を定価の1割5分引きで売ると250円の利益があり、3割引きで売ると350円の損になります。この商品の仕入れ値はいくらですか。
（式・図・考え方）　　　　　　　　　　　　　（市川中）

答（　　　　　　　　）

4、17.3％の食塩水103gと7.7％の食塩水357gを混ぜ合わせ、さらに水10gを加えると何％の食塩水ができますか。（答は小数第2位を四捨五入して小数第1位まで求めなさい）　　　　　　　　　　　　　（洛星中）
（式・図・考え方）

答（　　　　　　　　）

シリーズ10　倍から割合へ　解答

P.3　第1章、倍の三用法

p.3　類題1-1、
　　(1)、200÷50=4倍　　　　　　　　　　　　答（　4倍　）
　　(2)、50÷200=0.25倍　　　　　　　　　　答（　0.25倍　）
　　類題2-1、20×1.6=32（円）　　　　　　　答（　32円　）
P.4　類題3-1、みかん×1.8=270、270÷1.8=150（円）答（　150円　）
　　練習1、えんぴつ×1.7=85、85÷1.7=50（円）答（　50円　）
　　練習2、50÷250=0.2倍　　　　　　　　　答（　0.2倍　）
　　練習3、60×1.2=72（円）　　　　　　　　答（　72円　）
　　練習4、9÷36=0.25倍　　　　　　　　　　答（　0.25倍　）

P.5　第2章、倍と割合の関係

P.5　類題1-1、180÷60=3（倍）　　　　　　　答（　3　）
　　類題1-2、50÷100=0.5（倍）　　　　　　答（　0.5　）
　　類題1-3、120÷80=1.5（倍）　　　　　　答（　1.5　）
P.6　類題2-1、200×2.5=500（円）　　　　　答（　500円　）
　　類題2-2、150×0.8=120（円）　　　　　　答（　120円　）
　　類題2-3、600×1.2=720（円）　　　　　　答（　720円　）
P.7　類題3-1、□×0.3=150、150÷0.3=500（円）答（　500円　）
　　類題3-2、□×1.8=360、360÷1.8=200（円）答（　200円　）
　　類題3-3、□×0.6=42、42÷0.6=70（個）　答（　70個　）
　　練習1、120×0.4=48（円）　　　　　　　答（　48円　）
　　練習2、42÷60=0.7倍　　　　　　　　　　答（　0.7　）
　　練習3、□×3.5=700、700÷3.5=200（円）答（　200円　）
　　練習4、500×0.2=100（円）　　　　　　　答（　100円　）
P.8　練習5、□×0.3=75、75÷0.3=250（個）　答（　250個　）
　　練習6、240÷80=3倍　　　　　　　　　　答（　3　）
　　類題4-1、60÷40=1.5倍　　　　　　　　　答（　1.5　）
　　類題4-2、120÷400=0.3倍　　　　　　　　答（　0.3　）
　　類題4-3、80÷32=2.5倍　　　　　　　　　答（　2.5　）
P.9　類題5-1、40×0.2=8（円）　　　　　　　答（　8円　）
　　類題5-2、160×0.8=128（人）　　　　　　答（　128　）
　　類題5-3、90×0.3=27（個）　　　　　　　答（　27個　）
　　類題6-1、□×0.2=50（人）逆算をして　50÷0.2=250（人）
　　　　　　　　　　　　　　　　　　　　　答（　250　）

類題6-2、□×0.7=140（円）逆算をして　140÷0.7=200（円）
答（　200　）

P.10 類題6-3、A×0.4=12　逆算をして　12÷0.4=30　答（　30　）
練習7、400÷500=0.8倍　　　　　　　答（　0.8　）
練習8、□×1.8=540（円）逆算をして　540÷1.8=300（円）
答（　300　）
練習9、450×0.9=405（個）　　　　　答（　405個　）
練習10、80÷50=1.6倍　　　　　　　答（　1.6　）
練習11、40×0.8=32（円）　　　　　　答（　32円　）
練習12、A×2.4=360　逆算をして360÷2.4=150（円）
答（　150円　）

P.11 類題7-1、70×1.4=98　　　　　　答（　98　）
類題7-2、80×0.6=48（円）　　　　　答（　48円　）
類題7-3、60×0.3=18（人）　　　　　答（　18人　）
類題8-1、40÷160=0.25倍　　　　　答（　0.25　）
類題8-2、40÷100=0.4倍　　　　　　答（　0.4　）
類題8-3、90÷50=1.8倍　　　　　　答（　1.8　）
類題9-1、A×4=240、逆算して　240÷4=60（円）答（　60　）

P.12 類題9-2、□×0.6=240、逆算して　240÷0.6=400（円）
答（　400円　）
類題9-3、A×0.8=240、240÷0.8=300（人）答（　300　）
練習13、40÷200=0.2倍　　　　　　答（　0.2　）
練習14、400×0.2=80（円）　　　　　答（　80円　）
練習15、□×0.15=300、逆算して　300÷0.15=2000（円）
答（　2000円　）
練習16、120÷80=1.5倍　　　　　　答（　1.5　）
練習17、A×3.5=420（人）、逆算して　420÷3.5=120（人）
答（　120　）
練習18、51÷34=1.5倍　　　　　　　答（　1.5　）

P.13 類題10-1、
⑴、80÷40=2（倍）　　　　　　　　答（　2倍　）
⑵、40÷160=0.25（倍）　　　　　　答（　0.25倍　）
⑶、160÷40=4倍　　　　　　　　　答（　4　）
⑷、160÷80=2倍　　　　　　　　　答（　2　）
⑸、40+160=200（円）…消しゴムとノートの合計の値段
　　80÷200=0.4倍　　　　　　　答（　0.4　）

P.14 練習19、
  (1)、[A]の[B]に対する割合は0.6です。
  (2)、[B]を1とすると[A]は0.6です。
  (3)、[B]をもとにする量とすると、[A]はくらべる量で割合は0.6です。
  (4)、[B]の0.6倍が[A]です。
  (5)、[B]×0.6=[A]

  練習20、
  (1)、250÷200=1.25（倍）　　　　　　　　　　答（　1.25倍　）
  (2)、200÷160=1.25（倍）　　　　　　　　　　答（　1.25倍　）
  (3)、160÷200=0.8（倍）　　　　　　　　　　　答（　0.8　）
  (4)、160÷250=0.64（倍）　　　　　　　　　　答（　0.64　）
  (5)、200+160+250=610…1・2・3年生合計の人数　610÷200=3.05（倍）
  　　　　　　　　　　　　　　　　　　　　　　　答（　3.05　）

P.15 練習21、
  (1)、[A]×[B]=[C]または[C]÷[A]=[B]
  (2)、[B]×[C]=[A]または[A]÷[B]=[C]
  (3)、[B]×[C]=[A]または[A]÷[B]=[C]
  (4)、[A]×[C]=[B]または[B]÷[A]=[C]
  (5)、[B]×[C]=[A]または[A]÷[B]=[C]

P.16　第3章、割合の三用法

P.16 類題1-1、30×1.2=36（kg）　　　　　　　　答（　36kg　）
　　　類題2-1、B君の体重×1.2=30（kg）、逆算して　30÷1.2=25（kg）
　　　　　　　　　　　　　　　　　　　　　　　　答（　25kg　）
　　　類題3-1、50÷40=1.25倍　　　　　　　　　　答（　1.25　）
P.17 練習1、りんごの値段×0.4=80（円）、逆算して　80÷0.4=200（円）
　　　　　　　　　　　　　　　　　　　　　　　　答（　200円　）
　　　練習2、50÷80=0.625倍　　　　　　　　　　答（　0.625　）
　　　練習3、60×0.8=48（円）　　　　　　　　　答（　48円　）
　　　練習4、100÷40=2.5倍　　　　　　　　　　答（　2.5　）
　　　練習5、40×1.2=48（円）　　　　　　　　　答（　48円　）

P.18　確認テスト（第1章〜第3章）

　　＜1＞　□×2.4=192（円）、逆算して　192÷2.4=80（円）
　　　　　　　　　　　　　　　　　　　　　　　　答（　80円　）
　＜2＞

(1)、150÷250=0.6（倍）　　　　　　　　　　　　答（　0.6倍　）
(2)、250+150=400人…小学校全体の人数　250÷400=0.625
　　　　　　　　　　　　　　　　　　　　　　　答（　0.625　）
<3>　80÷200=0.4（倍）　　　　　　　　　　　答（　0.4　）
<4>　60×0.8=48（円）　　　　　　　　　　　　答（　48円　）
<5>　□×0.2=60（円）、逆算すると　60÷0.2=300（円）
　　　　　　　　　　　　　　　　　　　　　　　答（　300円　）

P.19　第4章、歩合と百分率と倍の関係

類題1-1、

倍	0.7倍	0.08倍	1.25倍	0.064倍
割合	0.7	0.08	1.25	0.064
歩合	7割	8分	12割5分	6分4厘
百分率	70％	8％	125％	6.4％

P.20 類題1-2、

倍	0.603倍	0.309倍	0.384倍	2.07倍
割合	0.603	0.309	0.384	2.07
歩合	6割3厘	3割9厘	3割8分4厘	20割7分
百分率	60.3％	30.9％	38.4％	207％

類題2-1、1割5厘=0.105倍、400×0.105=42（円）答（　42円　）
類題3-1、4割5分=0.45。本全体×0.45=36（ページ）、逆算をすると、
　　36÷0.45=80（ページ）。　　　　　　　　　答（　80ページ　）
類題4-1、5÷40=0.125。0.125=12.5％　　　　答（　12.5％　）

P.21 練習1、

倍	1.6倍	0.002倍	0.304倍	0.08倍
割合	1.6	0.002	0.304	0.08
歩合	16割	2厘	3割4厘	8分
百分率	160％	0.2％	30.4％	8％

練習2、4割=0.4。□×0.4=240（円）、逆算をして、

240÷0.4=600（円）　　　　　　　　　　答（　600円　）
　　練習3、3.5％=0.035。800×0.035=28（ｇ）　答（　28g　）
　　練習4、48÷240=0.2　　　　　　　　　　　答（　0.2　）
　　練習5、2割=0.2。250×0.2=50（円）　　　　答（　50円　）
　　練習6、3割6分=0.36。□×0.36=252（円）、逆算をして
　　　　252÷0.36=700（円）　　　　　　　　　答（　700円　）

P.22　第5章、売買の仕組みと用語

　　類題1-1、40+15=55（円）　　　　　　　　答（　55円　）

P.23 類題2-1、
　　(1)、90-60=30（円）　　　　　　　　　　　答（　30円　）
　　(2)、30×4=120（円）　　　　　　　　　　 答（　120円　）
　　(3)、60×4=240（円）　　　　　　　　　　 答（　240円　）
　　(4)、90×4=360（円）…売り上げ総額 360-240=120（円）…利益の総額
　　　　　　　　　　　　　　　　　　　　　　答（　120円　）

P.24 類題3-1、
　　(1)、80-50=30（円）…1冊あたりの利益。
　　　30×30=900（円）…全部売れたときの総利益。
　　別解：50×30=1500（円）…仕入れ総額。80×30=2400（円）…定価で30冊売れたときの売上げ総額。2400-1500=900（円）全部売れたときの総利益。　　　　　　　　　　答（　900円　）
　　(2)、80×20=1600（円）。40×7=280（円）。1600+280=1880（円）
　　　　　　　　　　　　　　　　　　　　　　答（　1880円　）
　　(3)、50×30=1500（円）…仕入れ総額。1880-1500=380（円）
　　　　　　　　　　　　　　　　　　　　　　答（　380円　）

　練習1、
　　(1)、160-100=60、60×8=480。または160×8=1280、100×8=800、
　　　1280-800=480。　　　　　　　　　　　　答（　480円　）
　　(2)、160×6=960（円）…売上げ総額、100×8=800（円）…仕入れの総額、960-800=160（円）…総利益　　　答（　160円　）

P.25 練習2、
　　(1)、300-200=100、100×15=1500（円）。または、300×15=4500
　　　（円）、200×15=3000（円）、4500-3000=1500（円）
　　　　　　　　　　　　　　　　　　　　　　答（　1500円　）
　　(2)、300×12=3600（円）…定価での売上げ、300-200=100（円）…値引き後の売値、15-12=3（個）…値引きして売った個数、100×3=300

（円）…値引きでの売上げ、3600+300=3900（円）…総売上、200×15=3000（円）…総仕入額、3900-3000=900（円）…総利益

答（　900円　）

練習3、

⑴、120-100=20（円）、20×10=200（円）…総利益。または、100×10=1000、120×10=1200、1200-1000=200（円）…総利益。

答（　200円　）

⑵、120×4=480（円）…定価での売上げ、10-4=6（個）…半額で売った個数、120÷2=60（円）…定価の半額、60×6=360（円）…半額での売上げ、480+360=840（円）…総売上、100×10=1000（円）…仕入れ総額、1000-840=160（円）…損失額の合計

答（　160円　）

練習4、

⑴、800×20-500×20=16000-10000=6000（円）　答（　6000円　）

⑵、800×15=12000（円）定価での総売上、500×20=10000（円）…総仕入れ額、10000+4000=14000（円）…総売上、14000-12000=2000（円）…値引きで売上げ合計、20-15=5（個）…値引きで売った個数、2000÷5=400（円）値引きの値段、800-400=400（円）…値引き金額

答（　400円　）

P.26 練習5、

⑴、150×12=1800（円）…総売上、1800-600=1200（円）…総仕入れ額、1200÷12=100（円）…1個の仕入れ値　答（　100円　）

⑵、150×4=600（円）…定価での売上げ、売上げ総金額を1200円にすると得も損もしないようになります。ですから、1200-600=600（円）を安くして売った総金額にすればよい。12-4=8（個）…安くして売る個数、600÷8=75（円）　　答（　75円　）

練習6、

⑴、120×30=3600（円）…仕入れ総額、3600+1500=5100（円）…売上げ総額、5100÷30=170（円）…1個の定価。答（　170円　）

⑵、120+80=200（円）…定価、200×20=4000（円）…定価での総売上、120×30=3600（円）…仕入れ総額、3600+1500=5100（円）…売上げ総額、5100-4000=1100（円）…値引きでの売上げ、30-20=10（個）…値引きで売った個数、1100÷10=110（円）…値引き後の売値。

答（　110円　）

P.27 確認テスト（第4章～第5章）

<1> 3割8厘=0.308、500×0.308=154（g） 答（ 154g ）

<2> 150×5+100×3=750+300=1050（円）…総売上、90×10=900円…仕入れ総額、1050-900=150（円）…総利益 答（ 150円 ）

<3>

(1)、200×25-120×25=5000-3000=2000（円）…利益の総額
答（ 2000円 ）

(2)、200-50=150（円）…値引きの値段、25-20=5（個）…値引きして売った個数、200×20+150×5=4000+750=4750（円）…総売上、120×25=3000（円）…仕入れ総額、4750-3000=1750（円）…総利益
答（ 1750円 ）

<4>

(1)、100×80=8000（円）…総売上、60×80=4800（円）…仕入れ総額 8000-4800=3200（円）…利益の総額 答（ 3200円 ）

(2)、60×80+2750=7550（円）…総売上、100×70=7000（円）…定価での売上げ、7550-7000=550（円）…値引きでの売上げ、80-70=10（個）…値引きで売った個数、550÷10=55（円）…値引きの売値、100-55=45（円）…値引き金額 答（ 45円 ）

P.28 第6章、倍や割合の合成

P.28 類題1-1、

(1)、1.5×2=3（倍） 答（ 3倍 ）
(2)、1.5×3=4.5（倍） 答（ 4.5倍 ）
(3)、1.5×2+1=4（倍） 答（ 4倍 ）
(4)、1.5×5+1×3=10.5（倍） 答（ 10.5倍 ）

P.29 類題1-2、

(1)、1.2×2=2.4（倍） 答（ 2.4倍 ）
(2)、1.2×5=6（倍） 答（ 6倍 ）
(3)、1.2×3+1×2=5.6（倍） 答（ 5.6倍 ）
(4)、1.2×4+1×5=9.8（倍） 答（ 9.8倍 ）

類題2-1、

(1)、1.6×3=4.8（倍） 答（ 4.8 ）
(2)、1.6×5+1=9（倍） 答（ 9 ）
(3)、6.4÷1.6=4（個） 答（ 4個 ）
(4)、6.8-2=4.8…りんご何個かの割合、4.8÷1.6=3（個） 答（ 3個 ）

P.30 類題2-2、

(1)、2.4×2=4.8（倍）　　　　　　　　　　　答（　4.8　）
(2)、2.4×7+1×3=19.8（倍）　　　　　　　　答（　19.8　）
(3)、12÷2.4=5（冊）　　　　　　　　　　　答（　5冊　）
(4)、2.4×4=9.6…ノート4冊の割合、12.6-9.6=3…えんぴつ何本かの割
　　合、3÷1=3（本）　　　　　　　　　　 答（　3本　）

P.31 類題3-1、Aを1とすると、Bは1×1.5=1.5、Cは1.5×5=7.5（倍）
　　　　　　　　　　　　　　　　　　　　答（　7.5倍　）

　　類題3-2、A=C×0.8、C=B×2。Bを1とすると、C=1×2=2、
　　A=2×0.8=1.6（倍）。　　　　　　　　 答（　1.6倍　）

　　類題4-1、B=A×4、C=A×5。Cを1とすると、1=A×5なので逆算し
　　てA=1÷5=0.2、B=0.2×4=0.8（倍）　　　答（　0.8倍　）

P.32 類題5-1、25％=0.25、7割=0.7。A=B×0.25、C=B×0.7。
　　Aを1とすると、1=B×0.25なので逆算すると、Bは1÷0.25=4。
　　Cは4×0.7=2.8　　　　　　　　　　　　答（　2.8倍　）

　　類題6-1、B=A×2.5、C=A×3。Aを1とすると、C=1×3=3、
　　B=1×2.5=2.5。BとCの差は3-2.5=0.5（倍）答（　0.5倍　）

　　類題7-1、Aを1とするとBは1×5=5となり、Cは5×0.5=2.5と
　　なります。BとCの差は5-2.5=2.5となります。答（　2.5倍　）

　　練習1、2.4×2+1.5×3+1×4=13.3（倍）　　答（　13.3倍　）

P.33 練習2、B=A×2.5、C=B×1.2。Aを1とすると、Bは1×2.5=2.5で、
　　C=2.5×1.2=3（倍）　　　　　　　　　　答（　3倍　）

　　練習3、B=A×4、C=A×0.6。Bを1とすると、1=A×4。逆算して、
　　Aは1÷4=0.25で、C=0.25×0.6=0.15（倍）。0.15倍=15％
　　　　　　　　　　　　　　　　　　　　　答（　15％　）

　　練習4、A=B×0.4、C=A×2。Cを1とすると、1=A×2、
　　Aは逆算してA=1÷2=0.5。Aは0.5になるので、0.5=B×0.4、
　　逆算してB=0.5÷0.4=1.25（倍）　　　　　答（　1.25倍　）

　　練習5、19.8-1.5×2=16.8…バナナ何本かの割合、16.8÷2.4=7（本）
　　　　　　　　　　　　　　　　　　　　　答（　7本　）

　　練習6、B=A×1.4、C=B×2.5。Aを1とすると、Bは1×1.4=1.4、
　　C=1.4×2.5=3.5。BとCの差は3.5-1.4=2.1（倍）答（　2.1倍　）

　　練習7、B=A×3.4、C=A×2.5。Aを1とすると、Bは1×3.4=3.4、
　　C=1×2.5=2.5。BとCの差は3.4-2.5=0.9（倍）答（　0.9倍　）

P.34 第7章、割増しと割引き（わりましとわりびき）

　　類題1-1、

(1)、　　　　　　　　　　　　　　　　　答（　0.6倍　）
　　(2)、1+0.6=1.6（倍）　　　　　　　　　答（　1.6倍　）
　　(3)、70×0.6=42（円）　　　　　　　　　答（　42円　）
　　(4)、解き方1：70+42=112（円）。解き方2：70×1.6=112
　　　　　　　　　　　　　　　　　　　　　答（　112円　）

P.35 類題2-1、
　　(1)、7割引き=0.7倍が減る　　　　　　　答（　0.7倍　）
　　(2)、1-0.7=0.3倍になる。　　　　　　　答（　0.3倍　）
　　(3)、400×0.7=280（円）　　　　　　　　答（　280円　）
　　(4)、解き方1：400-280=120（円）。
　　　解き方2：400×(1-0.7)=400×0.3=120（円）。答（　120円　）
　　類題3-1、2割引き=0.2倍減る=(1-0.2)倍になる=0.8倍になる。
　　　ある金額×0.8=240（円）、逆算して240÷0.8=300（円）
　　　　　　　　　　　　　　　　　　　　　答（　300円　）

P.36 類題4-1、150×(1+0.4)=150×1.4=210（円）　答（　210円　）
　　類題5-1、4500×(1-0.4)=4500×0.6=2700（円）　答（　2700円　）
　　類題6-1、□×(1+0.25)=200（円）、逆算すると
　　　　□=200÷(1+0.25)=200÷1.25=160（円）　答（　160円　）

P.37 練習1、800×(1+0.3)=800×1.3=1040（g）　答（　1040g　）
　　練習2、400×(1-0.25)=400×0.75=300（円）　答（　300円　）
　　練習3、350×0.2=70（cm）注意：350×(1-0.2)=280ではありません。
　　　　　　　　　　　　　　　　　　　　　答（　70cm　）
　　練習4、1+0.5=1.5（倍）　　　　　　　　　答（　1.5倍　）
　　練習5、□×(1+0.3)=780（円）、逆算して　780÷(1+0.3)=600（円）
　　　　　　　　　　　　　　　　　　　　　答（　600円　）
　　練習6、120×(1-0.25)=120×0.75=90（円）　答（　90円　）
　　練習7、200×(1+0.5)=200×1.5=300（円）　答（　300円　）
　　練習8、□×(1+0.35)=270（円）、逆算して
　　　　　270÷(1+0.35)=200（円）　　　　　　答（　200円　）
　　練習9、□×(1-0.6)=360（円）、逆算して　360÷(1-0.6)=900（円）
　　　　　　　　　　　　　　　　　　　　　答（　900円　）

P.38　確認テスト（第6章～第7章）

　　<1>　80％=0.8倍、A=B×0.8、C=A×0.25。Cを1とすると、1=A
　　×0.25、逆算すると　A=1÷0.25=4（倍）。A=B×0.8にAに4を当て
　　はめて、4=B×0.8、逆算して　B=4÷0.8=5（倍）答（　5倍　）

<2>　2.6×4+1×3=13.4（倍）　　　　　　　　答（　13.4　）
<3>　原価×(1+0.45)=435（円）、逆算して　原価=435÷(1+0.45)=
　　　300（円）。　　　　　　　　　　　　　答（　300円　）
<4>　定価×(1-0.35)=845（円）、逆算して　定価=845÷(1-0.35)=
　　　1300（円）。　　　　　　　　　　　　答（　1300円　）
<5>　300×(1+0.3)=390（円）　　　　　　　　答（　390円　）

P.39　第8章、売買算と相当算

P.39 類題1-1、
　⑴、6割増し=0.6倍増える=(1+0.6)倍になる。1+0.6=1.6（倍）
　　　　　　　　　　　　　　　　　　　　　　答（　1.6　）
　⑵、定価の1割引き=1.6の1割引き=1.6の(1-0.1)倍=1.6×(1-0.1)=1.44
　　　　　　　　　　　　　　　　　　　　　　答（　1.44　）
　⑶、1.44-1=0.44（倍）　　　　　　　　　　　答（　0.44　）
　⑷、原価×0.44=220（円）、逆算して　原価は220÷0.44=500（円）。
　　　定価は500×1.6=800（円）。売値は800×(1-0.1)=720（円）、または
　　　500+220=720（円）。
　　　　　　　答（原価は　500円、定価は　800円、売値は　720円）

P.40 類題2-1、原価を1とすると、売値は1×(1+0.6)×(1-0.5)=0.8（倍）
　　　損した金額の50円は原価の1-0.8=0.2（倍）に当たります。原価×0.2=
　　　50（円）、逆算して　50÷0.2=250（円）、250×(1+0.6)=400（円）
　　　　　　　　　　　　　　　　　　　　　　答（　400円　）

P.41 類題3-1、60+40=100（円）が仕入れ値の0.4倍にあたります。仕入れ値
　　　は100÷0.4=250（円）。売値は250+40=290（円）
　　　　　　　　　　　　　　　　　　　　　　答（　290円　）

　　類題4-1、160-40=120（円）が、原価の0.25倍にあたる。原価は
　　　120÷0.25=480（円）、売り値は480-40=440（円）
　　　　　　　　　　　　　　　　　　　　　　答（　440円　）

P.42 類題5-1、180+60=240（円）は定価の0.1倍にあたります。定価×0.1=
　　　240（円）、逆算して　定価は240÷0.1=2400（円）。持っていた
　　　お金は2400-180=2220（円）　　　　　　答（　2220円　）

　　類題6-1、2割5分-2割=0.25-0.2=0.05、280-175=105（円）…定価の
　　　0.05倍に相当する、定価×0.05=105（円）、逆算すると　105÷0.05=
　　　2100（円）。2100×(1-0.2)=1680（円）…定価の2割引きの値段。
　　　1680-280=1400（円）…原価。2100÷1400=1.5（倍）、1.5-1=0.5
　　　（倍）増えている。0.5倍増える=5割増し。　答（　5割増し　）

P.43 類題7-1、商品1個の原価を1とします。1+0.5=1.5…定価の割合、1.5×(1-0.2)=1.2…定価の2割引き、1.5×12+1.2×3=21.6…総売上の割合、1×15=15…総原価の割合、21.6-15=6.6…利益の合計の割合。原価の6.6倍が3300円に相当する。原価×6.6=3300（円）、逆算すると3300÷6.6=500（円）…商品1個の原価。500×21.6=10800（円）

答（　10800円　）

類題7-2、商品1個の原価を1とします。1+0.2=1.2…定価の割合、1.2×(1-0.6)=0.48…定価の6割引き、1.2×6+0.48×6=10.08…総売上の割合。原価の10.08倍が2016円に相当する。原価×10.08=2016（円）、逆算すると　2016÷10.08=200（円）…商品1個の原価。200×12=2400（円）…総原価、2400-2016=384（円）…損失の合計。

答（　384円　）

練習1、原価の割合を1とする。1+0.5=1.5…定価の割合、1.5×(1-0.4)=0.9…売値の割合、1-0.9=0.1…損の割合。原価の0.1倍が180円に相当する。180÷0.1=1800（円）…原価。1800×0.9=1620（円）。

答（　1620円　）

練習2、
(1)、1+0.75=1.75…定価の割合。1.75×(1-0.4)=1.05…値引き後の売値の割合。　　　　　　　　　　　　　答（　1.05　）
(2)、1.05-1=0.05…利益の割合、原価の0.05倍が90円に相当する。原価×0.05=90、逆算すると　90÷0.05=1800（円）…原価、1800×1.05=1890（円）または1800+90=1890（円）…売値

答（　1890円　）

P.44 練習3、150+30=180円は、原価の0.6倍に相当する。原価×0.6=180（円）、逆算すると　180÷0.6=300（円）…原価。300+30=330円

答（　330円　）

練習4、25+75=100（円）は定価の0.2倍に相当する。定価×0.2=100（円）、逆算すると　100÷0.2=500（円）…定価。500-25=475（円）…持っていたお金　　　　　　　答（　475円　）

練習5、250-40=210（円）は原価の0.35倍に相当する。原価×0.35=210（円）、逆算すると　210÷0.35=600（円）…原価。600-40=560（円）…売り値。　　　　　　　　　答（　560円　）

練習6、商品1個の原価を1とします。1+0.2=1.2…定価の割合、1.2×(1-0.3)=0.84…定価の3割引き、1.2×18+0.84×2=23.28…総売上の割合、1×20=20…総原価の割合、23.28-20=3.28…利益の合計の割合。原価の3.28倍が1968円に相当する。原価×3.28=1968（円）、

逆算すると 1968÷3.28=600（円）…商品1個の原価。600×23.28=13968（円）　　　　　　　　　　　　答（　13968円　）

練習7、5割引きと3割引きの差は0.5-0.3=0.2（倍）、定価の0.2倍が、120+200=320（円）に相当する。定価×0.2=320（円）、逆算すると320÷0.2=1600（円）…定価。1600×(1-0.3)=1120（円）…定価の3割引き、1120-120=1000（円）…仕入れ値、1600÷1000=1.6（倍）…定価の割合、1.6-1=0.6（倍）増えている=6割増し。

答（　6割増し　）

P.45 確認テスト（第8章）

<1>　原価を1とする。1+0.4=1.4…定価、1.4×(1-0.4)=0.84…売値、1-0.84=0.16…損した金額。原価の0.16倍が480円に相当する。原価×0.16=480（円）、逆算すると　480÷0.16=3000（円）…原価。3000×0.84=2520（円）…売値　　　　答（　2520円　）

<2>　0.4-0.1=0.3（倍）が630+180=810（円）に相当する。定価の0.3倍が810円。定価×0.3=810（円）、逆算すると　810÷0.3=2700（円）…定価。2700×(1-0.1)=2430（円）…定価の1割引き。2430-630=1800（円）…仕入れ値。　　　　答（　1800円　）

<3>　400-200=200（円）は定価の0.2倍に相当する。定価×0.2=200（円）、逆算をすると　200÷0.2=1000（円）…定価。1000-400=600（円）　　　　　　　　　　　　答（　600円　）

<4>　250+30=280（円）は原価の0.56倍に相当する。原価×0.56=280（円）、逆算すると　280÷0.56=500（円）…原価。500×(1+0.56)=780（円）…定価、780-250=530（円）…売り値。または、500+30=530（円）…売り値。　　　　答（　530円　）

<5>　商品1個の原価を1とします。1+0.5=1.5…定価の割合、(1+0.5)×(1-0.3)=1.05…3割引きの割合、1.5×20+1.05×(30-20)=40.5…売り上げの合計の割合、1×30=30…総原価の割合、40.5-30=10.5…利益の合計の割合。原価の10.5倍が利益の合計の1680円に相当する。原価×10.5=1680（円）、逆算をして1680÷10.5=160（円）…原価。160×40.5=6480（円）…売り上げ合計。

答（　6480円　）

P.46 第9章、2量以上の関係を割合で表して解く問題

P.46 類題1-1、Aを1とすると、A・B・Cの3つの数の合計の割合は1+2.5+3=6.5となる。A=39÷6.5=6となる。B=6×2.5=15、C=6×3=18。　　　答（　Aは　6、Bは　15、Cは　18　）

類題2-1、Aを1とすると、3つの数の和は1+0.35+0.45=1.8となる。
540÷1.8=300…A、300×0.35=105…B、300×0.45=135…C。
答（ Aは 300、Bは 105、Cは 135 ）

類題2-2、Aを1とすると、B・Cの2つの数の和は1.6+0.8=2.4となります。960÷2.4=400…A、400×1.6=640…B、400×0.8=320…C。
答（ Aは400、Bは640、Cは 320）

P.47 類題3-1、大きな円の面積を1とします。面積イは0.15、小さな円×0.6=0.15となるので、逆算して 0.15÷0.6=0.25…小さな円の割合。ア・イ・ウの3つの部分の面積の和の割合は、1+0.25-0.15=1.1。
132÷1.1=120（㎠）…大きな円、120×0.25=30（㎠）…小さな円。
答（ 大円は 120㎠、小円は 30㎠ ）

P.48 類題4-1、
⑴、A×0.1=池の深さ、B×0.25=池の深さ、C×0.4=池の深さです。池の深さを1とすると、A=1÷0.1=10、B=1÷0.25=4、C=1÷0.4=2.5となる。　　　答（ Aは10、Bは4、Cは2.5 ）

⑵、Aの竿とCの竿の長さの和の割合は、10+2.5=12.5 です。池の深さの12.5倍が250cmにあたる。池の深さ×12.5=250（cm）、逆算すると 250÷12.5=20（cm）…池の深さ。20×4=80（cm）…Bの竿の長さ。　　　答（ 池の深さは 20cm、Bの竿の長さは 80cm ）

P.49 類題5-1、
⑴、A×(1-0.75)=池の深さ、B×(1-0.5)=池の深さです。池の深さを1とすると、A=1÷(1-0.75)=4、B=1÷(1-0.5)=2となる。
答（ Aは4、Bは2 ）

⑵、AとBの和の割合は4+2=6です。いいかえると、「池の深さの6倍がAとBの和の180cm」ということです。これから、池の深さは、180÷6=30（cm）と求められます。　　答（ 30cm ）

練習1、Aを1とすると、B・Cの2つの数の合計の割合は2.5+0.5=3となります。54÷3=18…A、18×2.5=45…B、18×0.5=9…C。
答（ Aは 18、Bは 45、Cは 9 ）

練習2、Aを1とすると、B・Cの2つの数の差の割合は0.5-0.38=0.12となります。120÷0.12=1000…A、1000×0.38=380…B、1000×0.5=500…C。　　　答（ Aは 1000、Bは 380、Cは 500 ）

P.50 練習3、大きな円の面積を1とします。面積イは0.25、小さな円×0.4=0.25となるので、逆算して 0.25÷0.4=0.625…小さな円の割合。
1-0.25=0.75…アの割合、0.625-0.25=0.375…ウの割合、0.75-0.375=

0.375…アとウの面積の差の割合、24÷0.375=64…大きな円。
　　　　　　　　　　　　　　　答（　64㎠　）
練習4、
⑴、1×0.24=0.24…水につかっている部分=池の深さ。B×0.3=0.24、逆算すると　0.24÷0.3=0.8…B。0.8×0.75=0.6…C。
　　　　　　　　　答（　池の深さは0.24、Bは0.8、Cは0.6　）
⑵、1-0.6=0.4…AとCの差の割合、60÷0.4=150cm…Aの長さ、
　　　150×0.24=36（cm）…池の深さ、150×0.8=120（cm）…B
　　　　　　　　　答（池の深さは36cm、Bの竿の長さは120cm　）

P.51　確認テスト（第9章）

＜1＞　Aを1とすると、B・Cの2つの数の和は0.7+1.1=1.8となります。108÷1.8=60…A、60×0.7=42…B、60×1.1=66…C。
　　　　　　　　　答（　Aは60、Bは42、Cは　66　）
＜2＞
⑴、A×0.25=池の深さ、B×0.3=池の深さ、C=B×0.8。Bを1とすると、1×0.3=0.3…池の深さ、A×0.25=0.3、0.3÷0.25=1.2…Aの割合、1×0.8=0.8…C
　　　　　　　　　答（　池の深さは0.3、Aは1.2、Cは0.8　）
⑵、1.2-0.8=0.4…AとCの差、48÷0.4=120（cm）…B、120×0.3=36（cm）…池の深さ。答（　池の深さ　36cm、B　120cm　）
＜3＞　大きな円の面積を1とすると、面積イは1-0.6=0.4となる。また、面積イは小さな円の(1-0.5)=0.5倍となる。これを式に表すと
小さな円×(1-0.5)=0.4となるので、逆算して　0.4÷(1-0.5)=0.8…小さな円の割合。大円と小円の面積の差の割合は、1-0.8=0.2。大円の0.2倍が20㎠です。大円×0.2=20（㎠）、逆算して　20÷0.2=100（㎠）
　　　　　　　　　　　　　　　答（　大円は　100㎠　）

P.52　第10章、食塩水の濃さ

類題1-1、食塩水の0.04倍が食塩という意味になります。300×0.04=12（g）…食塩　　　　　　　答（　12g　）
P.53 類題2-1、食塩水×0.08=24（g）で、逆算すると　24÷0.08=300（g）
　　…食塩水全体　　　　　　　　　答（　300g　）
類題3-1、27+123=150（g）…食塩水全体、27÷150=0.18…食塩が食塩水全体の0.18倍、0.18倍=18％　　答（　18％　）
類題4-1、200×(1-0.15)=200×0.85=170（g）。または、200×0.15=30（g）、200-30=170（g）。　答（　170g　）

P.54 類題5-1、食塩水×(1-0.12)=132（g）、逆算して132÷(1-0.12)=150
（g）…食塩水。150-132=18（g）…食塩。　答（　18g　）

類題6-1、180×0.05=9（g）…5％の食塩水180gにふくまれる食塩
9+30=39（g）…食塩30gを加えたあとの食塩、180+30=210（g）…
食塩30gを加えたあとの食塩水全体、39÷210×100=18.57…≒18.6％
答（　18.6％　）

類題6-2、150×0.06=9（g）、9+20=29（g）、150+20=170（g）、
29÷170×100=17.05…≒17.1％。　答（　17.1％　）

練習1、500（g）の0.18倍が食塩という意味です。500×0.18=90（g）
答（　90g　）

練習2、食塩水の1-0.2=0.8倍が200gの水にあたります。
食塩水×(1-0.2)=200（g）、逆算して　200÷(1-0.2)=250（g）…食塩
水。250-200=50（g）…食塩。　答（　50g　）

P.55 練習3、食塩水×0.05=13（g）、逆算すると　13÷0.05=260（g）…
食塩水全体　　答（　260g　）

練習4、350×(1-0.07)=325.5（g）…水。または、350×0.07=24.5
（g）、350-24.5=325.5（g）。　答（　325.5g　）

練習5、240+60=300（g）…食塩水全体、60÷300×100=20（％）
答（　20％　）

練習6、100×0.07+6=13（g）…後の状態での食塩の量、
100+6+44=150（g）…後の状態での食塩水全体。13÷150×100=
1300÷150=8.66…≒8.7（％）　答（　8.7％　）

練習7、200×0.12+16=40（g）…後の状態での食塩の量、
200+16+34=250（g）…後の状態での食塩水全体。40÷250×100=
4000÷250=16（％）　答（　16％　）

練習8、100×0.05=5（g）…食塩の量、100+50=150（g）…後の状態で
の食塩水全体。5÷150×100=500÷150=3.33…≒3.3（％）
答（　3.3％　）

P.56　確認テスト（第10章）

<1>　食塩水×(1-0.16)=294（g）、逆算して294÷(1-0.16)=350
（g）…食塩水。350-294=56（g）…食塩。　答（　56g　）

<2>　食塩水の0.15倍が食塩という意味になります。
300×0.15=45（g）…食塩　　答（　45g　）

<3>　食塩水×0.025=14（g）で、逆算すると　14÷0.025=560（g）
…食塩水全体　　答（　560g　）

<4> 400×(1-0.18)=400×0.82=328（g）。または、400×0.18=72（g）、400-72=328（g）。　　　　　答（　328g　）

<5> 200×0.13+10=36（g）…後の状態での食塩の量、200+10+90=300（g）…後の状態での食塩水全体。36÷300×100=3600÷300=12（％）　　　　　答（　12％　）

P.57 第11章、中学入試問題

1、「Bより50％多く」は「BよりBの0.5倍多く」と同じ意味。これを式に表すと、A=B×(1+0.5)。同じように、B=C×(1-0.3)となる。「Cより何％多いですか」を答えるので、Cを1として倍（割合）の関係を表します。まずB=C×(1-0.3)の式にC=1を代入して、B=1×(1-0.3)=0.7としてBの割合を求めます。次にA=B×(1+0.5)の式にB=0.7を代入して、A=0.7×(1+0.5)=1.05、これからAはCの1.05倍です。AはCより1.05-1=0.05倍多いので、5％多いことになります。
答（　5％　）

2、「25％引き」とは「1-0.25=0.75倍」と同じ意味です。定価×(1-0.25)=480（円）、逆算すると 480÷0.75=640（円）…定価
答（　640円　）

3、250+350=600円が、定価の0.3-0.15=0.15倍にあたります。定価×(0.3-0.15)=250+350、逆算して (250+350)÷(0.3-0.15)=600÷0.15=4000（円）…定価。仕入れ値は4000×(1-0.3)+350=3150（円）…仕入れ値。　　　　答（　3150円　）

4、合計の食塩の量は、103×0.173+357×0.077=17.819+27.489=45.308（g）となる。食塩水全体の量は、103+357+10=470（g）です。そこで、濃さは45.308÷470×100=4530.8÷470=9.64（％）、小数第1位で答えるので9.6％となる。　　　答（　9.6％　）

M.acceess　学びの理念

☆**学びたいという気持ちが大切です**
勉強を強制されていると感じているのではなく、心から学びたいと思っていることが、子どもを伸ばします。

☆**意味を理解し納得する事が学びです**
たとえば、公式を丸暗記して当てはめて解くのは正しい姿勢ではありません。意味を理解し納得するまで考えることが本当の学習です。

☆**学びには生きた経験が必要です**
家の手伝い、スポーツ、友人関係、近所付き合いや学校生活もしっかりできて、「学び」の姿勢は育ちます。
生きた経験を伴いながら、学びたいという心を持ち、意味を理解、納得する学習をすれば、負担を感じるほどの多くの問題をこなさずとも、子どもたちはそれぞれの目標を達成することができます。

発刊のことば

「生きてゆく」ということは、道のない道を歩いて行くようなものです。「答」のない問題を解くようなものです。今まで人はみんなそれぞれ道のない道を歩き、「答」のない問題を解いてきました。

子どもたちの未来にも、定まった「答」はありません。もちろん「解き方」や「公式」もありません。

私たちの後を継いで世界の明日を支えてゆく彼らにもっとも必要な、そして今、社会でもっとも求められている力は、この「解き方」も「公式」も「答」すらもない問題を解いてゆく力ではないでしょうか。

人間のはるかに及ばない、素晴らしい速さで計算を行うコンピューターでさえ、「解き方」のない問題を解く力はありません。特にこれからの人間に求められているのは、「解き方」も「公式」も「答」もない問題を解いてゆく力であると、私たちは確信しています。

M.accessの教材が、これからの社会を支え、新しい世界を創造してゆく子どもたちの成長に、少しでも役立つことを願ってやみません。

思考力算数練習帳シリーズ１０
倍から割合へ　売買算　新装版　（内容は旧版と同じものです）

新装版　第１刷
編集者　M.access（エム・アクセス）
発行所　株式会社　認知工学
〒６０４−８１５５　京都市中京区錦小路烏丸西入ル占出山町308
電話　（０７５）２５６−７７２３　　email：ninchi@sch.jp
郵便振替　０１０８０−９−１９３６２　　株式会社認知工学

ISBN978-4-86712-110-8　C-6341　　　A10210124L

定価＝　本体６００円　＋税

ISBN978-4-86712-110-8 C6341 ¥600E

定価：本体６００円＋消費税

M.access 認知工学

9784867121108

1926341006008

表紙の解答

下図のように
　　７０円－２０円＝５０円
が仕入れ値の０．４倍に相当する。

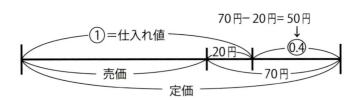

７０円－２０円＝５０円…０．４
５０円÷０．４＝１２５円…①　仕入れ値
（１２５円＋５０円＝１７５円
　１２５円×（１＋０．４）＝１７５円

答、　１７５円